# MAPAS Y CARTOGRAFÍA

BARBARA TAYLOR

EDITORIAL EVEREST, S. A.

Madrid • León • Barcelona • Sevilla • Granada • Valencia
Zaragoza • Las Palmas de Gran Canaria • La Coruña
Palma de Mallorca • Alicante • México • Lisboa

Editor de la colección: Sue Nicholson

Diseñador: Ben White

Autor: Barbara Taylor

Traductores: Blancaluz González
y Angelina Lamelas

Documentación fotográfica: Elaine Willis

Diseño de cubierta: Alfredo Anievas

Ilustradores:
Chris Forsey, Hayward Art Group, Janos Marffy, Kathy Jakeman Illustration, Kevin Maddison, Kuo Kang Chen, Maltings Partenership, Simon Tegg, Simon Girling & Associates.

Fotografías:
Alan Cork, British Library, Christine Osbourne Pictures, Dennis Gilbert, Earth Saelite Corporation/Science Photo Library, Harold Berger, Hutchison Library, J. Allan Cash Ltd., Marconi Underwater System, NASA, Salt Lake Convention and Visitors Boreau, ZEFA



TERCERA EDICIÓN


Carretera León-La Coruña, km 5 - LEÓN
ISBN: 84-241-1981-9 (Tomo I)
ISBN: 84-241-1989-4 (Obra completa)
Depósito legal: LE. 451-1998
Printed in Spain - Impreso en España

EDITORIAL EVERGRÁFICAS, S. L.
Carretera León-La Coruña, km 5
LEÓN (España)

# Sobre este capítulo

Este capítulo trata sobre distintas clases de mapas –cómo se dibujan, cómo se utilizan y cómo se interpretan–. También te da muchas ideas sobre planos y cosas que puedes conseguir. Podrás encontrar casi todo lo que necesitas para hacerlo en tu propia casa. Puedes necesitar comprar algunos artículos, pero todos ellos son baratos y fáciles de encontrar. En ocasiones, necesitarás la ayuda de un adulto, como cuando vayas a usar un mapa en una caminata por el campo.

## Trucos para las actividades

- Antes de empezar, lee las instrucciones con atención y prepara todo lo necesario.
- Ponte ropa vieja o una bata o mono.
- Cuando hayas terminado, recoge todo, especialmente los objetos afilados como cuchillos y tijeras, y lávate las manos.
- Vas a empezar un cuaderno especial. Anota en él lo que haces y los resultados obtenidos en cada proyecto.

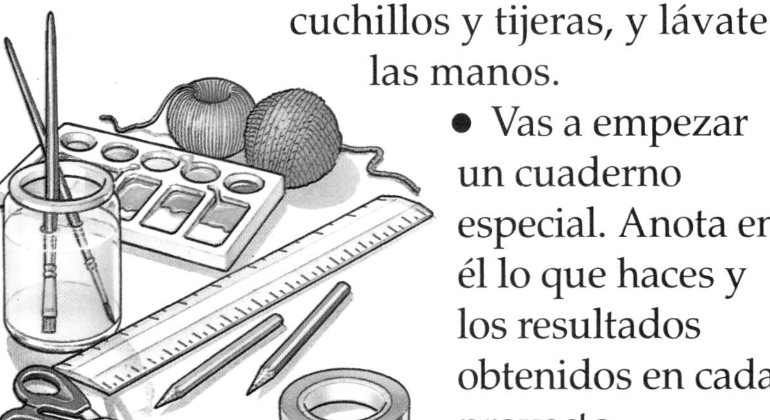

# Contenido



Haz tu propio mapa de la Isla del Tesoro, mira en la página 23.

# A vista de pájaro

¿Has usado alguna vez un mapa? Los mapas pueden servirnos para encontrar el modo de llegar a un lugar. La mayoría de los mapas son dibujos planos del mundo visto desde arriba: la clase de vista que tienen los pájaros. Un mapa es casi siempre más fácil de usar que las instrucciones escritas, porque es un sencillo dibujo que nos muestra dónde están las cosas.

Los mapas antiguos se dibujaban sobre pieles de animales o telas y la palabra mapa viene del latín «mappa» que significa tela.

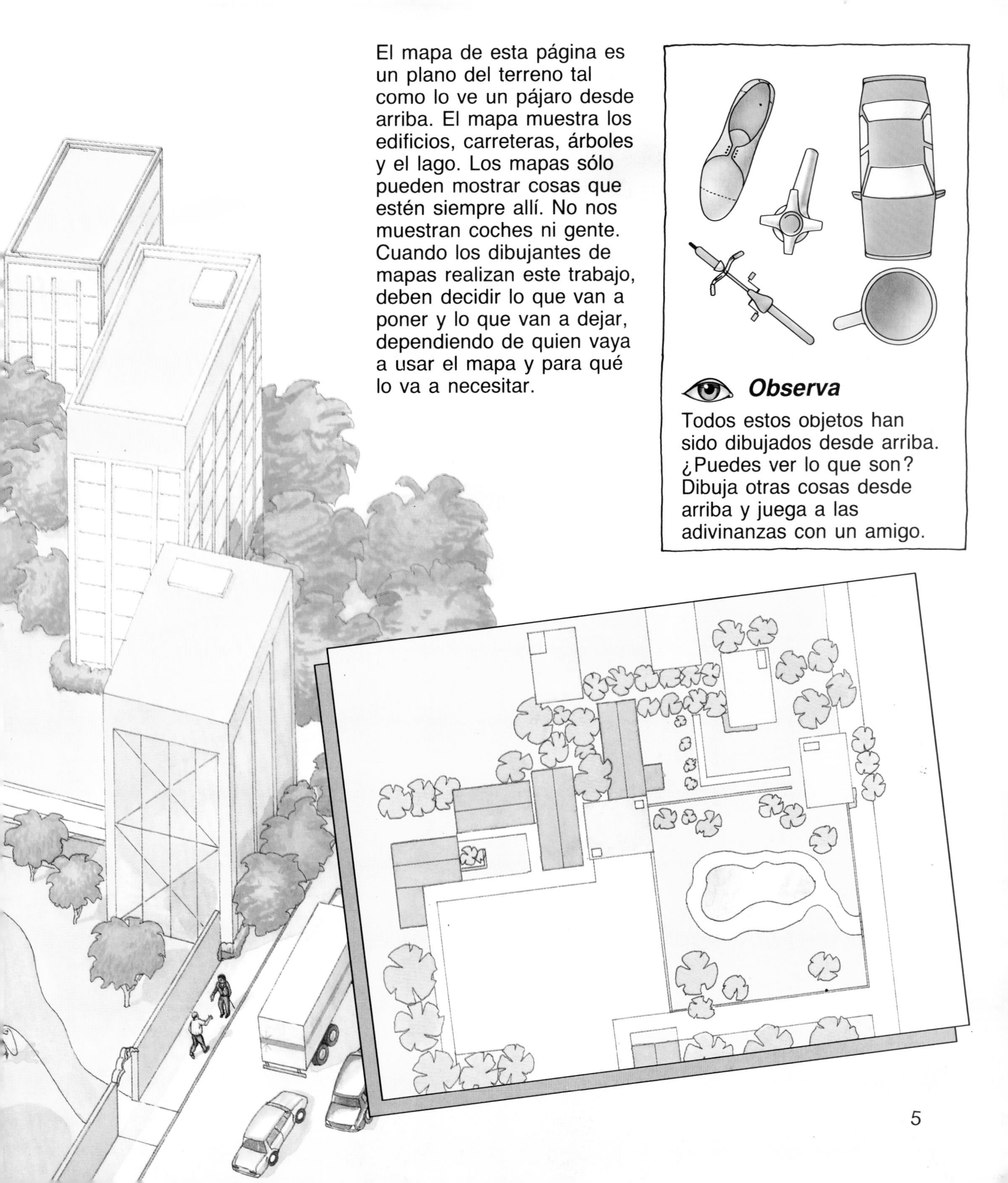

El mapa de esta página es un plano del terreno tal como lo ve un pájaro desde arriba. El mapa muestra los edificios, carreteras, árboles y el lago. Los mapas sólo pueden mostrar cosas que estén siempre allí. No nos muestran coches ni gente. Cuando los dibujantes de mapas realizan este trabajo, deben decidir lo que van a poner y lo que van a dejar, dependiendo de quien vaya a usar el mapa y para qué lo va a necesitar.

***Observa***

Todos estos objetos han sido dibujados desde arriba. ¿Puedes ver lo que son? Dibuja otras cosas desde arriba y juega a las adivinanzas con un amigo.

# Haz el plano de tu habitación

La mejor manera de que comprendas los mapas y su utilidad es dibujar uno tú mismo. Escoge una pequeña superficie para iniciarte, como tu habitación. Antes de empezar, decide el tamaño de tu plano. No tendrás sitio para incluir todas las cosas, sólo las más importantes, como tus muebles, la puerta y la ventana. Lo primero que tienes que hacer es buscar el tamaño exacto de tu habitación y la posición de las cosas.
El plano de la otra página te enseñará cómo hacerlo.

A menudo verás amplios planos como éste en los parques. Habitualmente tienen una flecha o un círculo para indicar exactamente dónde estás.

***Enseño mi casa***

¿Te ha preguntado alguien cómo ir de un sitio a otro? Cierra tus ojos e imagina la ruta que sigues habitualmente desde tu casa a la de un amigo o intenta describir el camino que te muestra este plano. ¿Sabrías dar indicaciones que un extranjero pudiera seguir? No es tan fácil como parece. Necesitas recordar todas las señales importantes, como las iglesias o ciertas tiendas, y decir exactamente cuándo deben girar a la derecha o a la izquierda.

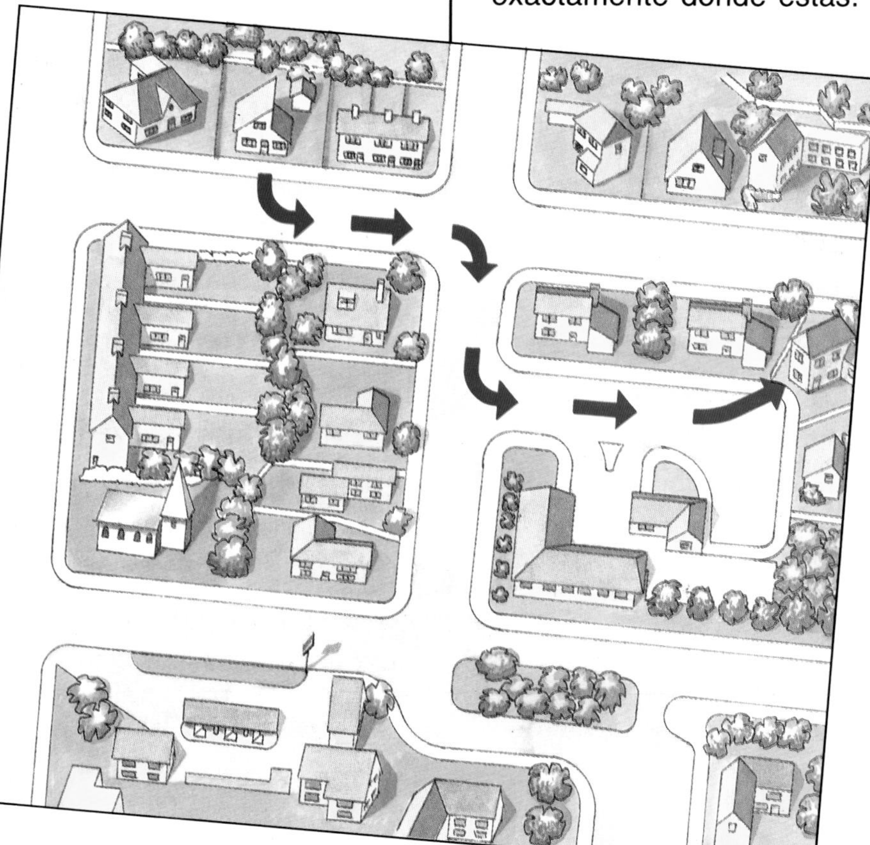

## *Hazlo tú mismo*

*Para hacer un plano exacto de tu habitación necesitas papel cuadriculado ancho, una regla y un lápiz afilado.*

### *Más cosas para intentar*

Haz otro plano para colocar tus muebles en sitios distintos. Esta es una buena manera de comprobar si tu cama resultará bien en otro lugar, sin tener que moverla. Intenta hacer un plano de otra habitación de tu casa.

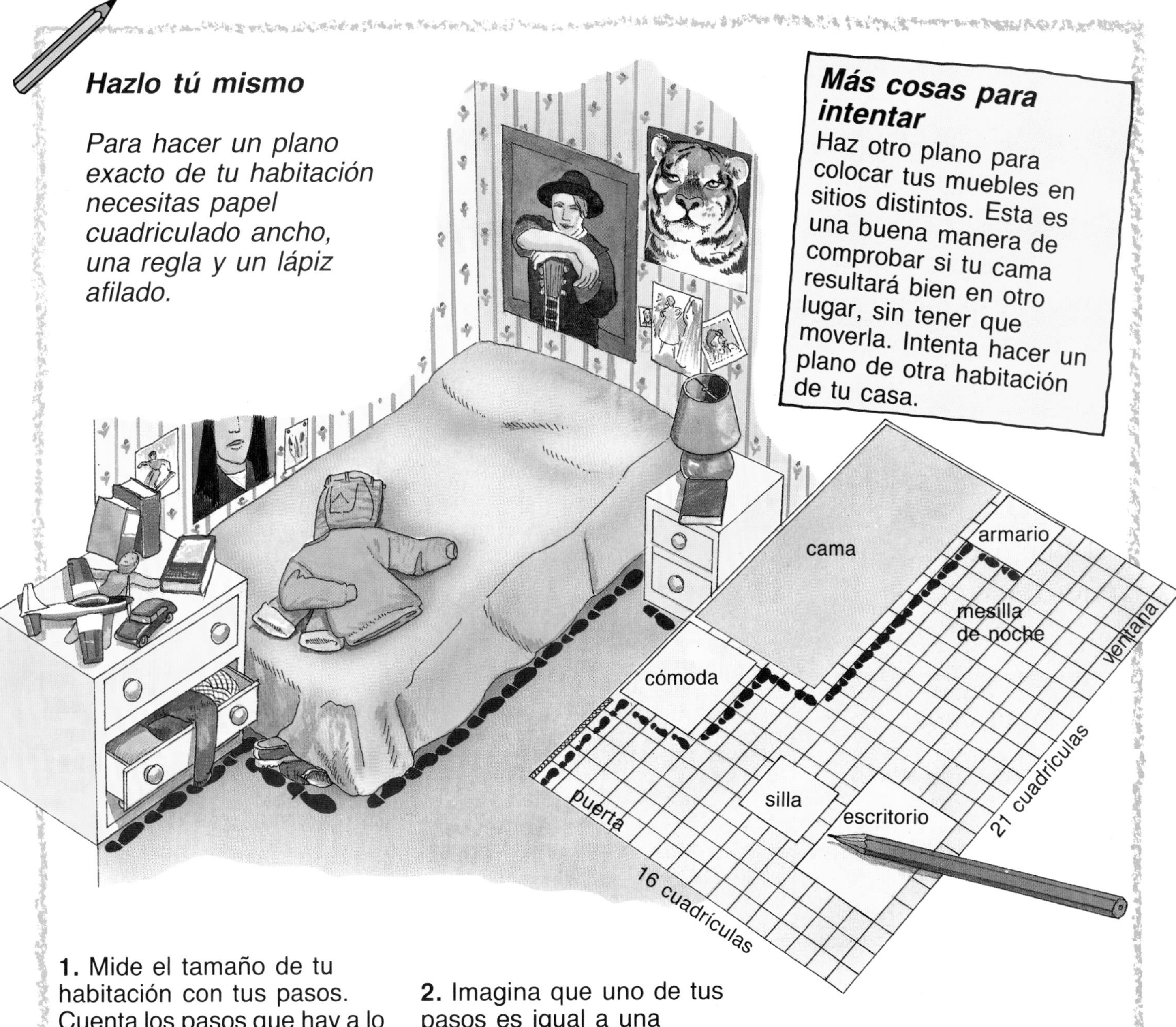


**1.** Mide el tamaño de tu habitación con tus pasos. Cuenta los pasos que hay a lo largo y a lo ancho del cuarto. Acuérdate de hacerlo con pasos cortos, de manera que el tacón de un pie toque el dedo del pie del otro. De esta manera, todos tus pasos tendrán el mismo tamaño y tus medidas tendrán mayor exactitud.

**2.** Imagina que uno de tus pasos es igual a una cuadrícula del gráfico, luego dibuja los límites de tu habitación. Por ejemplo, si tu habitación tiene 21 pasos a lo largo y 16 pasos a lo ancho, dibuja una caja en tu papel que tenga 21 cuadrículas de largo y 16 cuadrículas de ancho.

**3.** Marca la posición de tu puerta y de tu ventana. Ahora mide tus muebles en pasos. Luego, usando tu regla, dibújalos en la posición correcta del plano.

# Escalas de mapas

En la mayoría de los planos todo está empequeñecido o a escala, en la misma proporción. Por eso, en el plano de tu habitación, un paso equivale a una cuadrícula de tu papel. También puedes confeccionar una escala en la que un metro de tu habitación sea igual a un centímetro de tu plano. Las escalas del plano comparan el tamaño del plano con el tamaño real de un lugar. Pueden dibujarse a cualquier escala. Observa los cuatro mapas que hay en la parte inferior. Cada uno muestra Florencia, una ciudad de Italia, pero cada mapa está a diferente escala.

Estos coches de juguete son 25 veces más pequeños que los coches reales. Del mismo modo, los mapas están dibujados a una escala mucho más pequeña que los lugares que nos muestran.

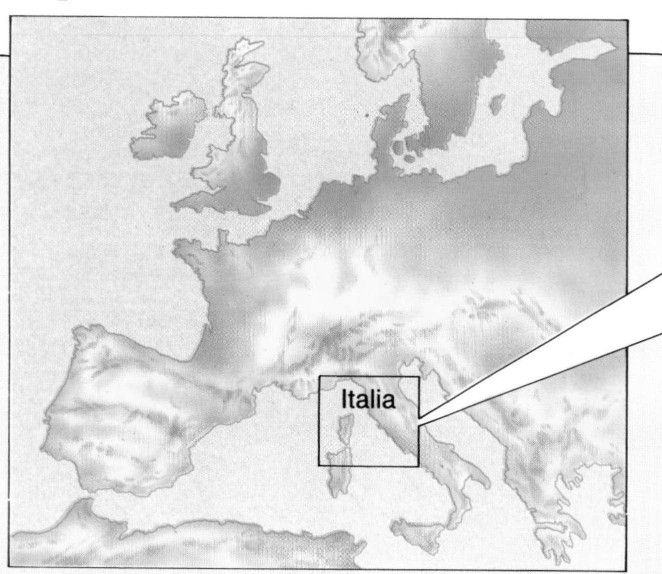


En esta escala del mapa 1 cm equivale a 375 km*. Son 37.500.000 cm en 375 km, por eso la escala se lee 1:37.500.000.

0 375 km

Este mapa a escala muestra donde está Florencia en Italia. Como 1 cm sobre el mapa equivale a 60 km sobre el terreno, la escala es 1:6.000.000

0 60 km



* Algunos países miden en centímetros y kilómetros, mientras otros utilizan pulgadas y millas.

## *Planos de ferrocarriles*

Algunos planos no están dibujados a escala. En cambio están torcidos o cambiados para que resulten más sencillos. Por ejemplo, en este mapa del sistema ferroviario de Tokio, las vías de ferrocarril están tratadas como líneas rectas con mucho espacio entre las estaciones. En la vida real, las líneas cruzan la ciudad como un laberinto, por eso un plano auténtico sería muy confuso.

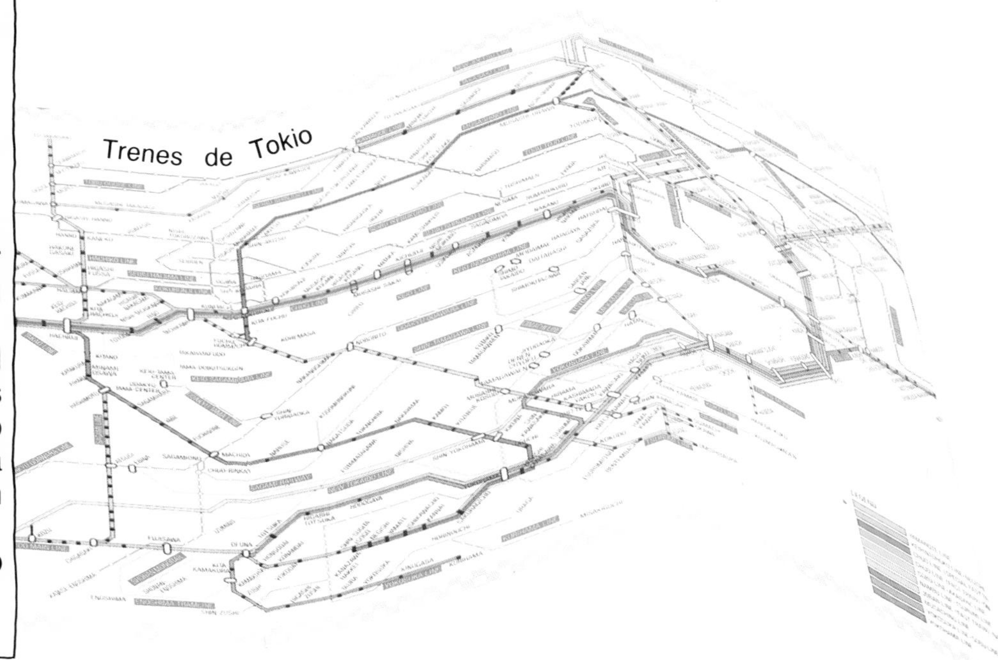


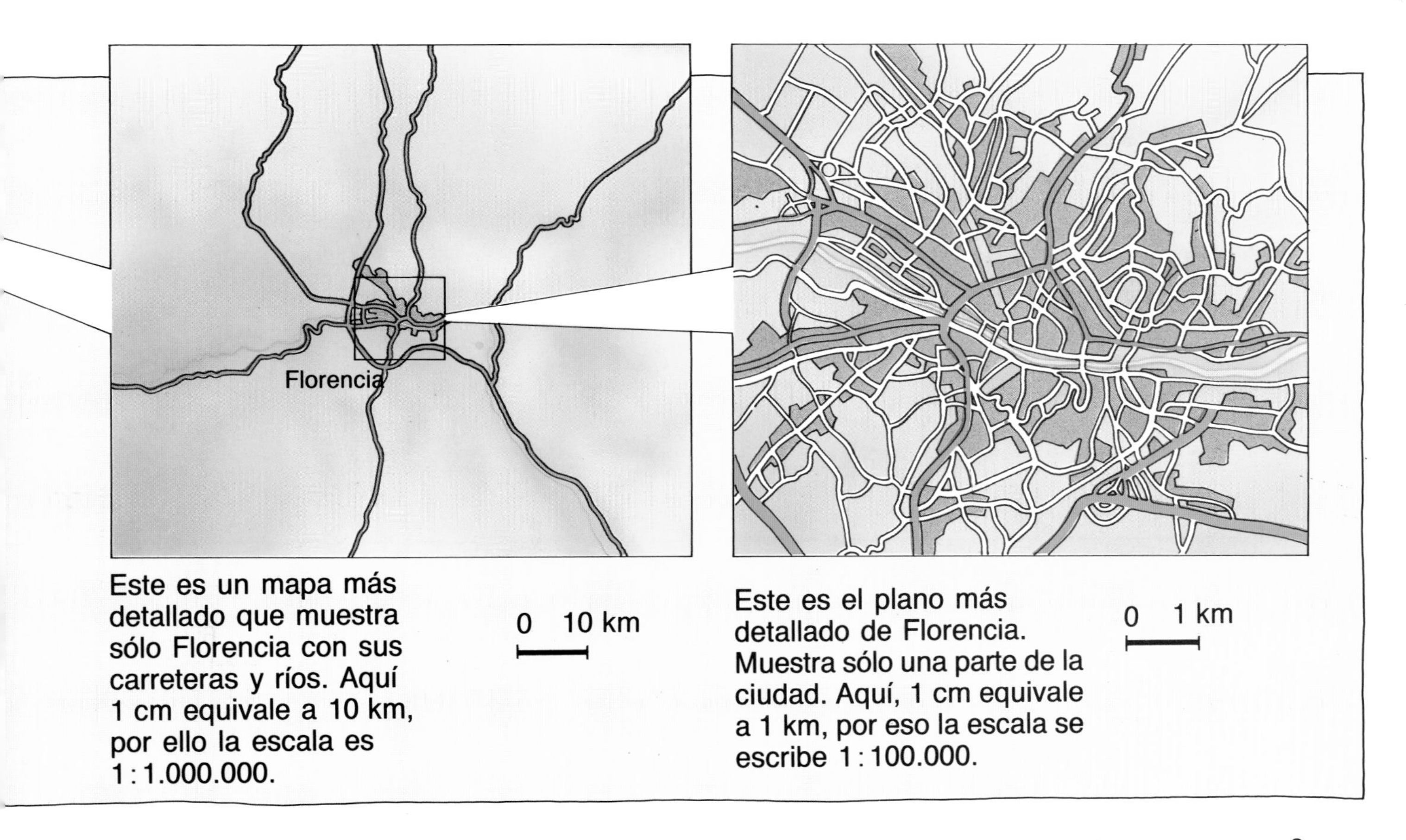


Este es un mapa más detallado que muestra sólo Florencia con sus carreteras y ríos. Aquí 1 cm equivale a 10 km, por ello la escala es 1 : 1.000.000.

0 10 km

Este es el plano más detallado de Florencia. Muestra sólo una parte de la ciudad. Aquí, 1 cm equivale a 1 km, por eso la escala se escribe 1 : 100.000.

0 1 km

## *Hazlo tú mismo*

*Para entender lo que es una escala, intenta dibujar un «plano» de este libro.*

**1.** Traza una línea alrededor del libro sobre una hoja ancha de papel y mide el contorno. El libro mide 21 cm por 24 cm.

**2.** Esta escala está realizada a 1 : 1, porque 1 cm sobre tu papel es lo mismo que 1 cm medido alrededor del libro. Se puede escribir en una escala (en cm o en pulgadas) como ésta.

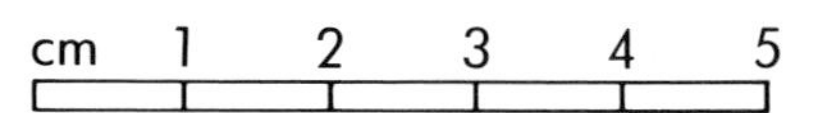


**3.** El papel azul más oscuro mide la mitad de la primera hoja. ¿Puedes dibujar una línea de tu libro a la mitad de su tamaño real?. La escala de tu nuevo «mapa» será 1 : 2. Se puede escribir en una escala como ésta :

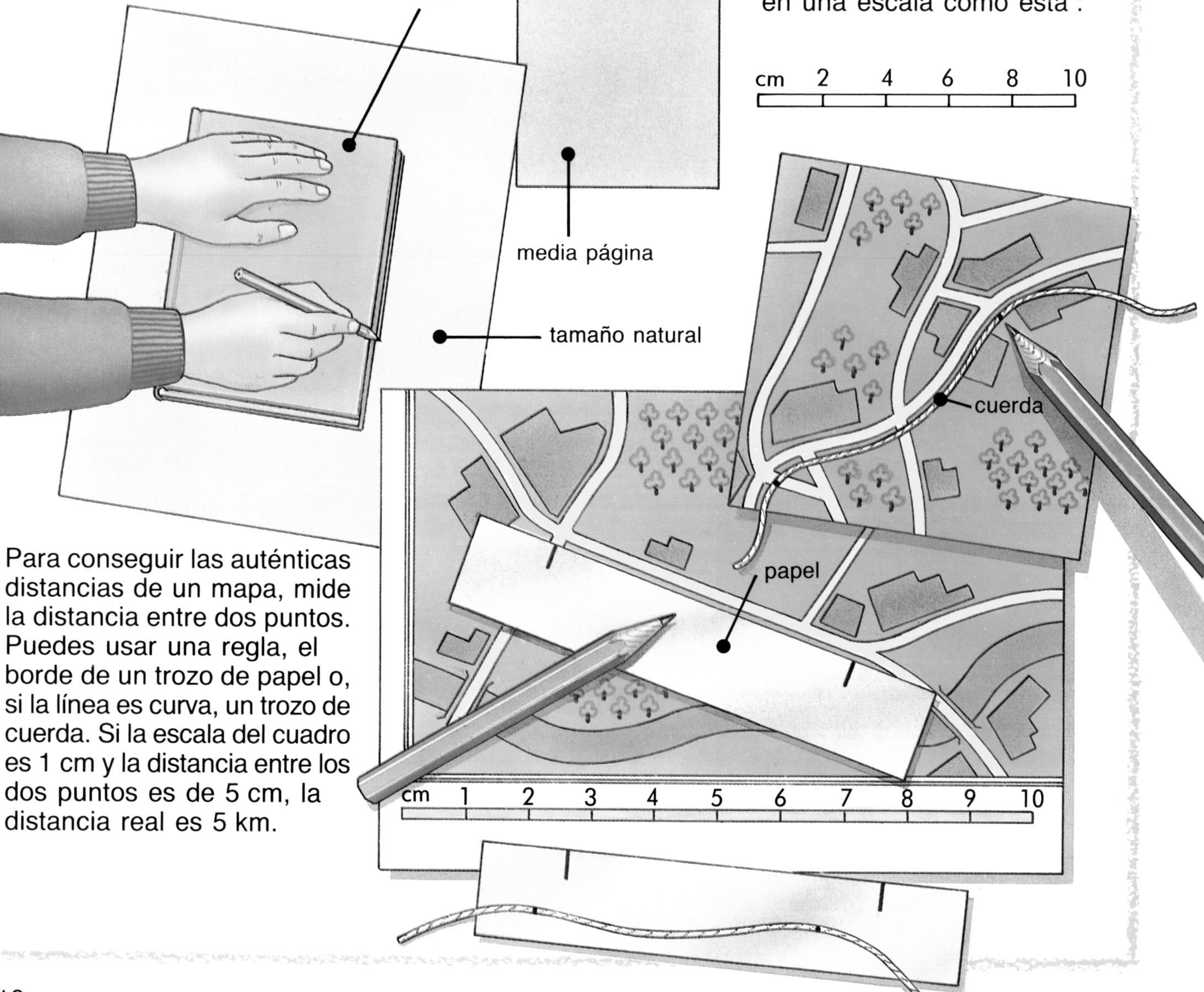


Para conseguir las auténticas distancias de un mapa, mide la distancia entre dos puntos. Puedes usar una regla, el borde de un trozo de papel o, si la línea es curva, un trozo de cuerda. Si la escala del cuadro es 1 cm y la distancia entre los dos puntos es de 5 cm, la distancia real es 5 km.

# Símbolos y colores

Los que diseñan mapas usan símbolos o signos sobre el papel, de modo que puedan dar mucha información en un espacio reducido. En el mapa de esta página, por ejemplo, se puede ver con claridad dónde hay montañas y bosques. La mayoría de los mapas tienen una lista llamada clave o una inscripción que nos dice lo que significan los diferentes símbolos. No hay reglas sobre los colores que se deben usar en los mapas, pero los que diseñan mapas usan casi siempre los mismos colores para las mismas cosas. El agua suele ser azul, por ejemplo, y los bosques verdes.

### Hazlo tú mismo

árbol
aparcamiento
autopista
teléfono
carretera
edificio
agua
vía
campo
lago

Intenta inventar tus propios símbolos. Deberán ser sencillos y nos sugerirán los motivos que representan.

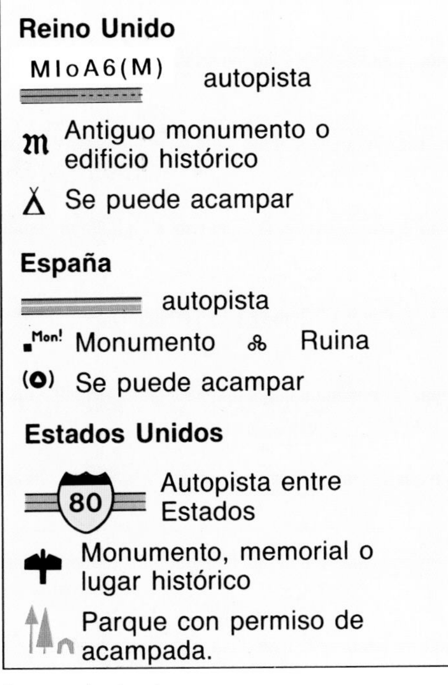


Los símbolos que se muestran aquí son auténticos. Varían ligeramente en algunos países.

# Elevaciones y depresiones

Los que fabrican mapas usan colores y líneas que muestran la altura de la Tierra y lo escarpado de sus elevaciones y depresiones. Esto se mide en un mapa por encima y por debajo del nivel del mar. Por ejemplo, cuando decimos que el Monte Everest – la montaña más alta del mundo – tiene 8.848 metros de altura, queremos decir que su altura es de 8.848 metros sobre el nivel del mar.

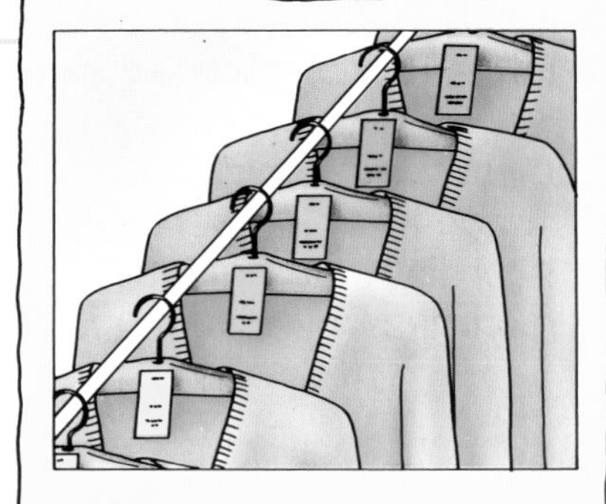

***Observa***

Los vestidos suelen estar codificados con distintos colores según la talla.

***Los colores dependen de la altura***

Estos dibujos nos muestran cómo las colinas y los valles que vemos en el campo se pueden simplificar en mapas planos. Primero, un área está dividida en secciones o franjas de diferentes alturas.

Todas las áreas de la misma altura reciben idéntico color. La superficie más baja suele estar coloreada en amarillo y la situada a mayor altura en diferentes tonos de marrón.

En el mapa que tenemos debajo es fácil ver qué áreas de tierra son más altas. Por ejemplo, la superficie más alta está coloreada en marrón oscuro.
Otro modo de mostrar la altura en un mapa es usar curvas de nivel de contorno. Recibirás información en pág. 14-15.

A los mapas que muestran la altura de la superficie terrestre, los ríos, etc., se les llama mapas físicos o de relieve. A menudo son usados por las personas que disfrutan haciendo marchas por el campo.

## *Mapas del fondo del mar*

Los mapas también pueden mostrar colinas y valles del fondo del mar. Los barcos utilizan instrumentos de sondas acústicas para medir el tiempo que tarda el sonido en volver al barco. Sabemos cuánto tiempo tarda el sonido en viajar a cierta distancia, por eso es posible enterarse de la profundidad del agua. En las cartas de navegación el azul se usa para el agua profunda y el azul claro para el agua superficial.

# Curvas de nivel

Las líneas imaginarias llamadas curvas de nivel son una importante manera de mostrar sobre un mapa las elevaciones del terreno. Las curvas de nivel nos muestran todos los lugares que tienen la misma altura sobre el azul del mar. También nos sirven para conocer la inclinación de la Tierra. Sobre una elevación, las curvas están más juntas. En un declive más suave, están más separadas. Si no hay curvas de nivel, la tierra es casi llana.

Los escaladores estudian las curvas de nivel de los mapas para enterarse de si las colinas serán fáciles o difíciles de escalar.

### *Altas colinas, mapas planos*

Aquí puedes ver cómo las dos colinas de la derecha han sido llevadas al mapa usando curvas de nivel.

De nuevo la tierra ha sido dividida en bandas coloreadas de acuerdo con la altura, pero esta vez a cada banda se le ha dado una altura en metros.

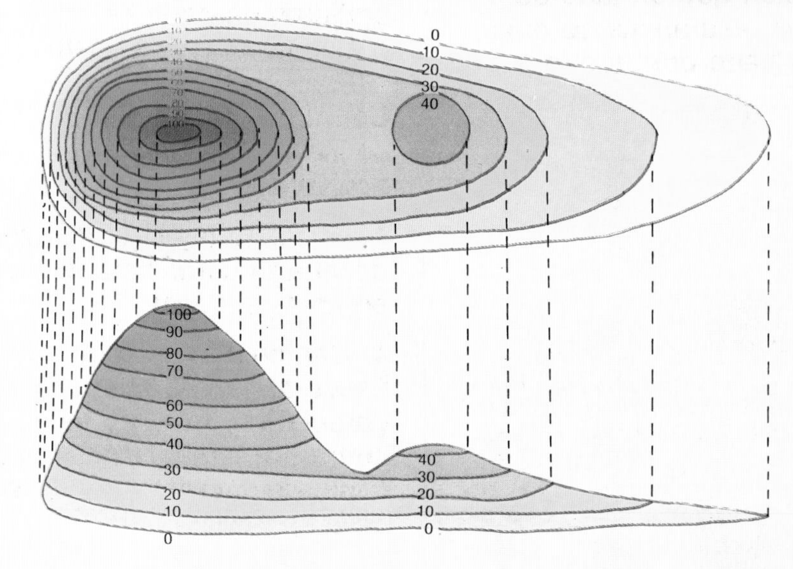

### *Hazlo tú mismo*

*Haz tus propias curvas de nivel para experimentar. Necesitarás arena o tierra vegetal, una tabla de madera, un lápiz o un palo afilado y algo de lana o cuerda.*

**1.** Aparte, levanta una colina de arena húmeda o de tierra, sobre una tabla.

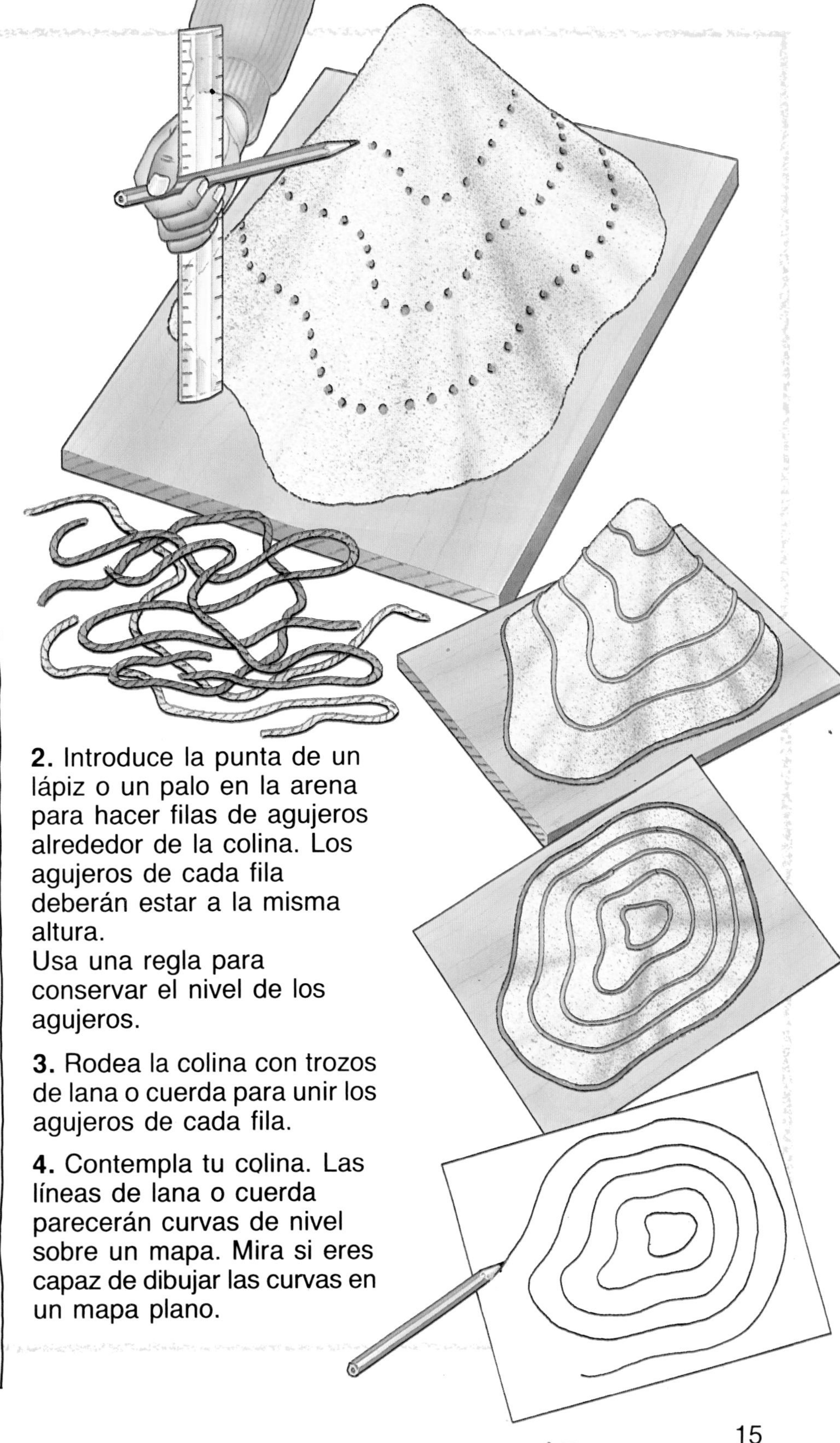

Las bandas entre las curvas de nivel te dicen que la pequeña colina tiene 40 m de alto y que la más ancha tiene 100 m de alto. Las líneas de contorno muestran también que un lado de la colina más ancha es más escarpado que el otro.

**2.** Introduce la punta de un lápiz o un palo en la arena para hacer filas de agujeros alrededor de la colina. Los agujeros de cada fila deberán estar a la misma altura.
Usa una regla para conservar el nivel de los agujeros.

**3.** Rodea la colina con trozos de lana o cuerda para unir los agujeros de cada fila.

**4.** Contempla tu colina. Las líneas de lana o cuerda parecerán curvas de nivel sobre un mapa. Mira si eres capaz de dibujar las curvas en un mapa plano.

# Encuentra un lugar

¿Has intentado encontrar una ciudad o una carretera en un mapa? La manera más sencilla es usar el índice del mapa. Ahí probablemente verás números o letras junto al nombre del lugar que buscas. Estos números y letras te remiten a una red de líneas que dividen el mapa en cuadrados. A los cuadrados se les llama mapa en cuadrículas, y los números y letras son la referencia de la cuadrícula. Distintos países utilizan diversas cuadrículas en sus mapas, pero suelen incluir instrucciones sobre la manera de usarlos.

Los arqueólogos dan a cada objeto que encuentran una cuadrícula de referencia sobre un plano o un mapa. Esto les ayuda a recordar exactamente dónde descubrieron cada objeto.

### *Encontrar un edificio*

Una referencia de la cuadrícula te lleva a un cuadrado del mapa. Te da números o letras para las dos líneas que se cruzan al fondo a la izquierda de la esquina de cada cuadrado.
La referencia a las líneas que ascienden y descienden en el mapa (las verticales) se da primero, seguido por la referencia a las líneas que cruzan el mapa (las horizontales). Sobre este mapa, el edificio rojo está en el C5 y el azul está en el I4.

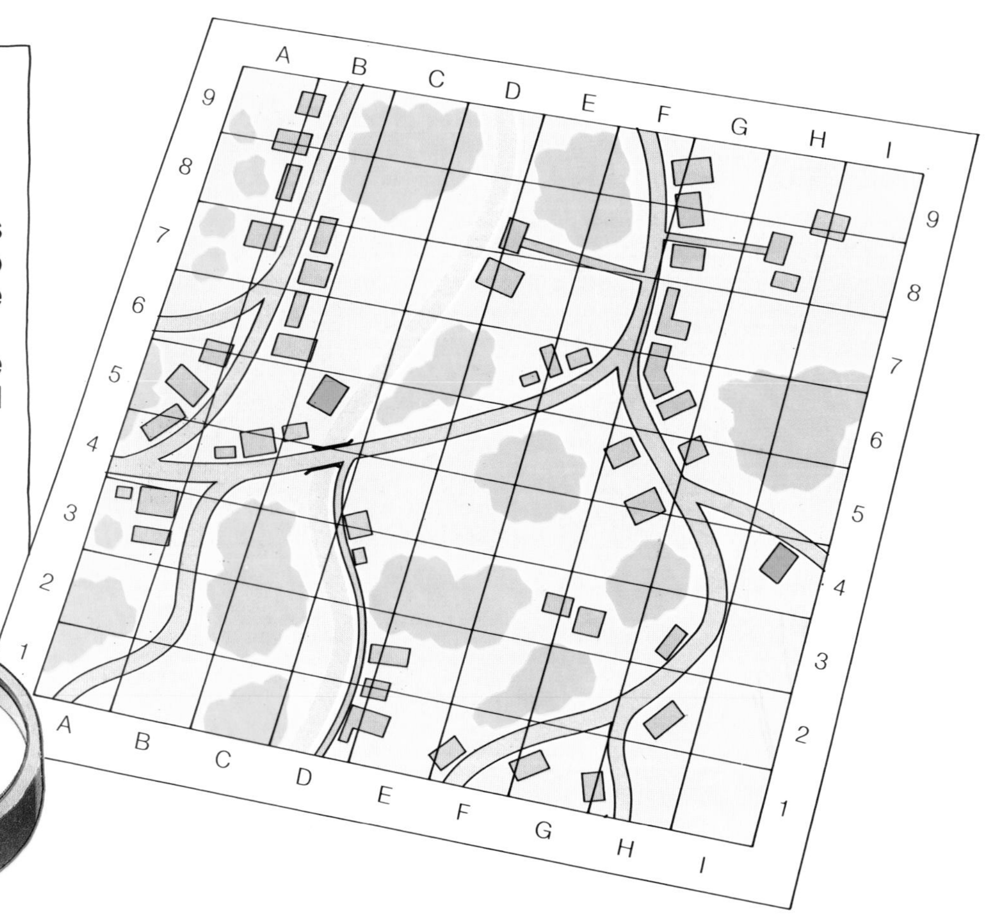

## *Hazlo tú mismo*

*Mira si puedes dar a tus amigos una referencia de cuadrícula para explicar exactamente dónde planeas encontrarles.*

**1.** Usa el mapa de esta página o dibuja un mapa en borrador de un parque de tu ciudad en papel de cuadrícula ancha.

**2.** Rotula los cuadrados del papel cuadriculado de abajo hacia arriba y hacia los lados. Puedes usar letras o números o ambas cosas, como en el mapa de esta página.

**3.** Consigue un punto de encuentro. Por ejemplo, el café del mapa de esta página está en el C8.

### Dar direcciones

Las referencias del papel cuadriculado hacen fácil dar direcciones sin escribir una larga lista de instrucciones. Si sabes hacer un mapa, serás capaz de encontrar los sitios sin perderte.

Lugar de encuentro:
punto G3
al mediodía.

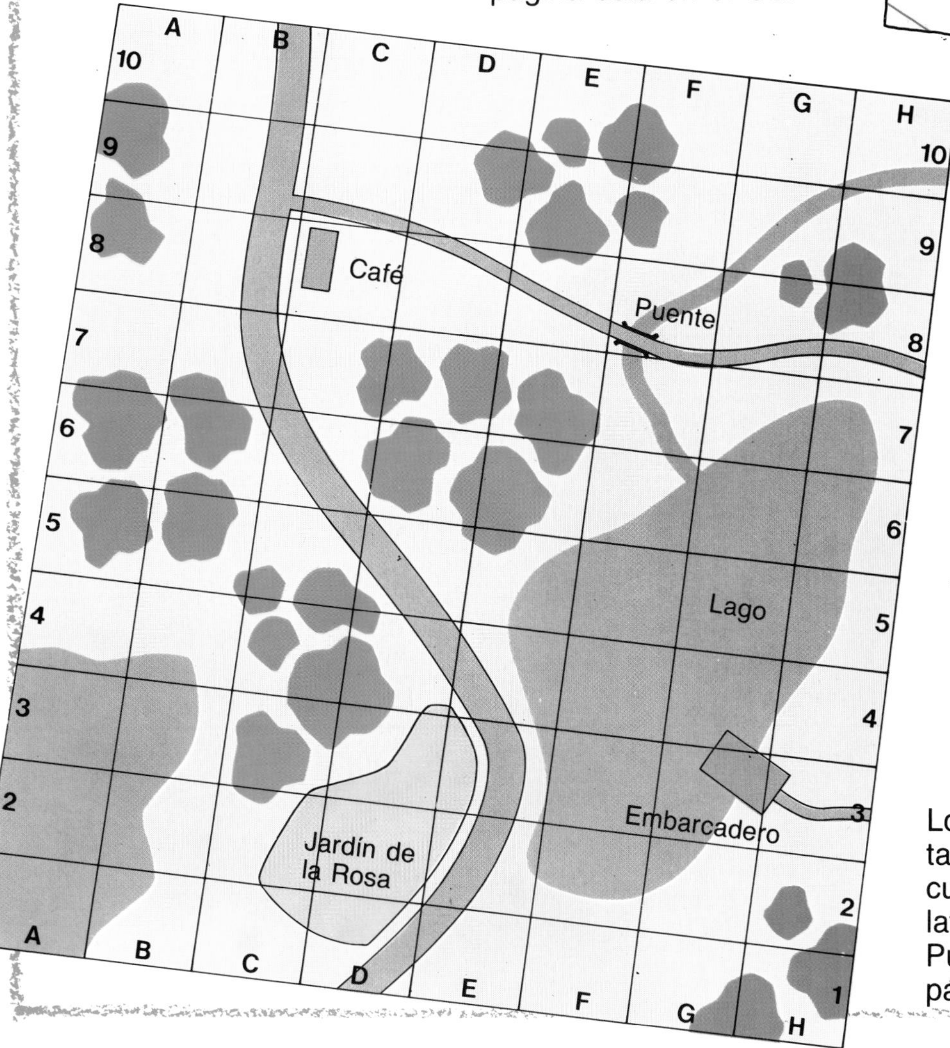

Los mapas del mundo también usan líneas en cuadrícula, llamadas líneas de latitud y longitud.
Puedes informarte en la página 26.

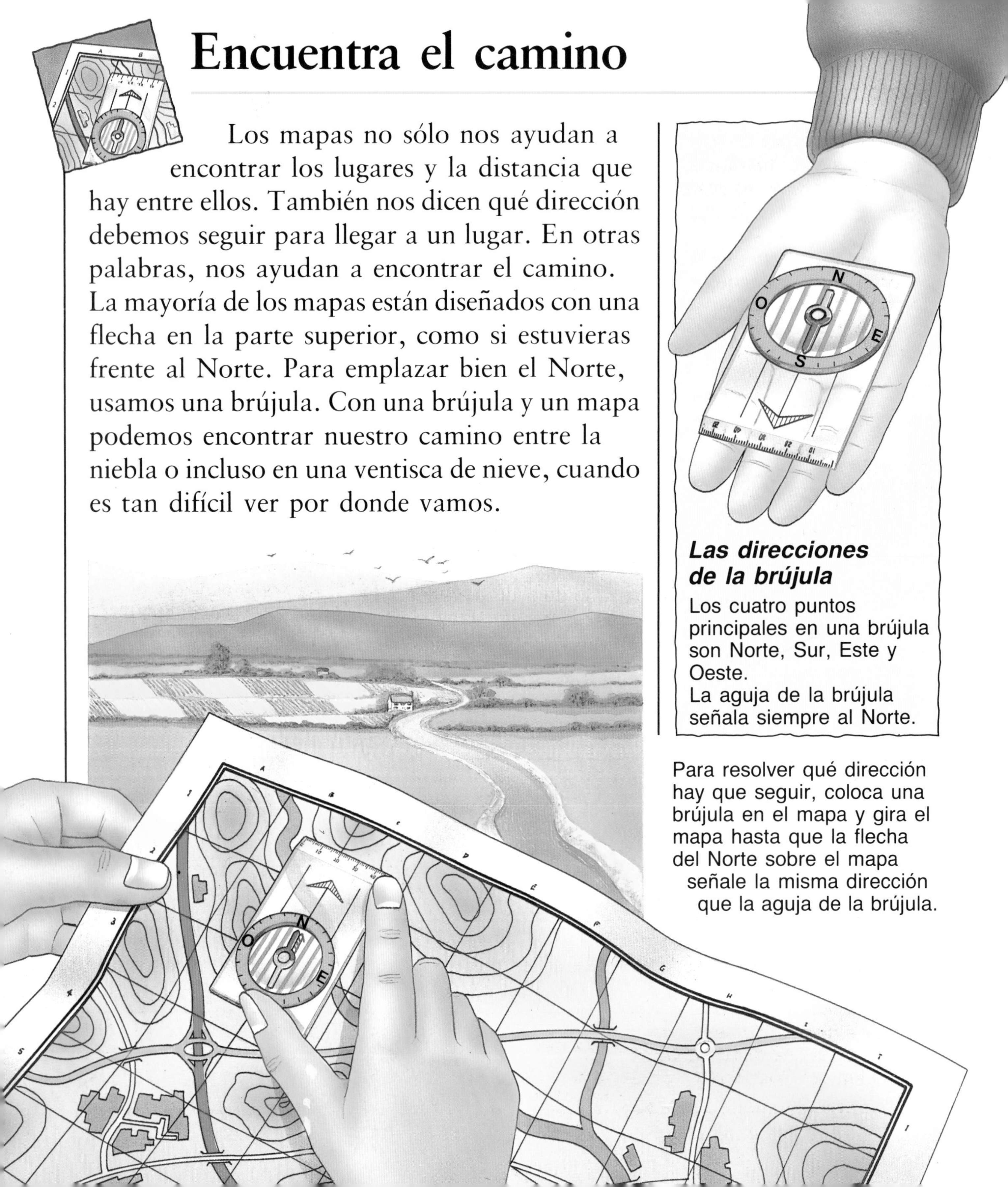


# Encuentra el camino

Los mapas no sólo nos ayudan a encontrar los lugares y la distancia que hay entre ellos. También nos dicen qué dirección debemos seguir para llegar a un lugar. En otras palabras, nos ayudan a encontrar el camino. La mayoría de los mapas están diseñados con una flecha en la parte superior, como si estuvieras frente al Norte. Para emplazar bien el Norte, usamos una brújula. Con una brújula y un mapa podemos encontrar nuestro camino entre la niebla o incluso en una ventisca de nieve, cuando es tan difícil ver por donde vamos.

***Las direcciones de la brújula***

Los cuatro puntos principales en una brújula son Norte, Sur, Este y Oeste.
La aguja de la brújula señala siempre al Norte.

Para resolver qué dirección hay que seguir, coloca una brújula en el mapa y gira el mapa hasta que la flecha del Norte sobre el mapa señale la misma dirección que la aguja de la brújula.

## *Hazlo tú mismo*

*Fabrica tu propia brújula con una aguja imantada, una de corcho y un plato llano.*

**1.** Pide a un adulto que te ayude a imantar la aguja como se ve aquí. Debes frotar el imán con la aguja alrededor de 50 veces.

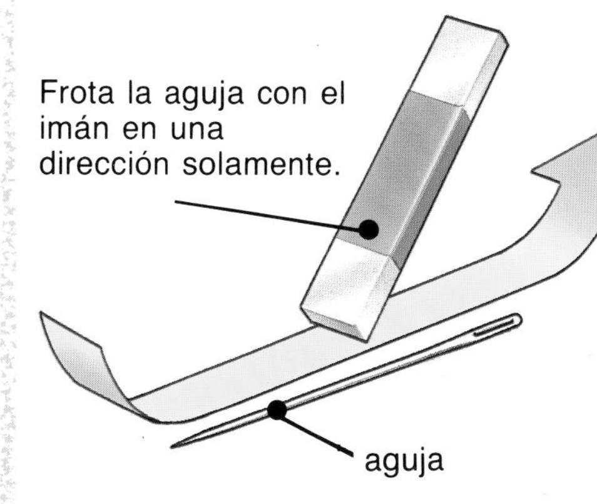


N

lámina de corcho

**2.** Con cuidado equilibra la aguja imantada sobre la fina lámina de corcho y ponlo a flotar en el plato de agua.

**3.** La aguja señalará al Norte. Compruébalo con una brújula auténtica y escribe NORTE en el borde del plato.

## *¿Dónde está el Norte?*

Una flecha en el mapa que señala el «auténtico norte» es una línea recta y segura hacia el Polo Norte. Pero una aguja de compás siempre señala al «Norte magnético» porque está atraída por fuerzas magnéticas del interior de la Tierra.
El Norte magnético se encuentra a una distancia de 1.600 km del Polo Norte.

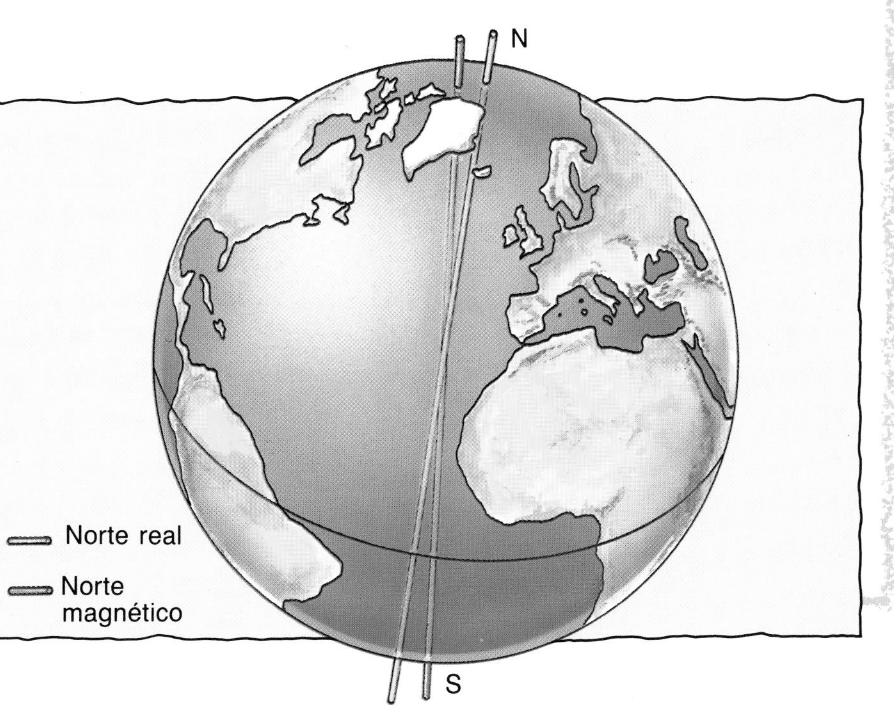

# Mide los ángulos

Antes de dibujar un mapa, los que los diseñan necesitan saber la posición exacta de todo lo que van a incluir. Para hacer esto, la Tierra se divide en un dibujo en forma de red con puntos, en la que se han medido las distancias y los ángulos entre los puntos. A esto se le llama hacer una medición, y a la gente que reúne esta información se les llama topógrafos. Para encontrar fácilmente el ángulo entre dos puntos, los topógrafos usan soportes. Puedes intentar coger un soporte utilizando la tabla que mostramos en esta página.

Durante siglos, los marineros han usado sextantes (lo que mide el ángulo entre el Sol y el horizonte) para conseguir su posición en el mar.

### *Hazlo tú mismo*

*Haz un soporte de tabla para medir un ángulo.*

**1.** Pide a un adulto que te ayude a hacer una copia del círculo que se muestra aquí y traza todas las líneas con una regla.

**2.** Escribe los números alrededor del borde del papel y fija el papel sobre un soporte cuadrado ancho.

**3.** Coloca tu tabla de soporte sobre el suelo. A esto se le llama punto de referencia.

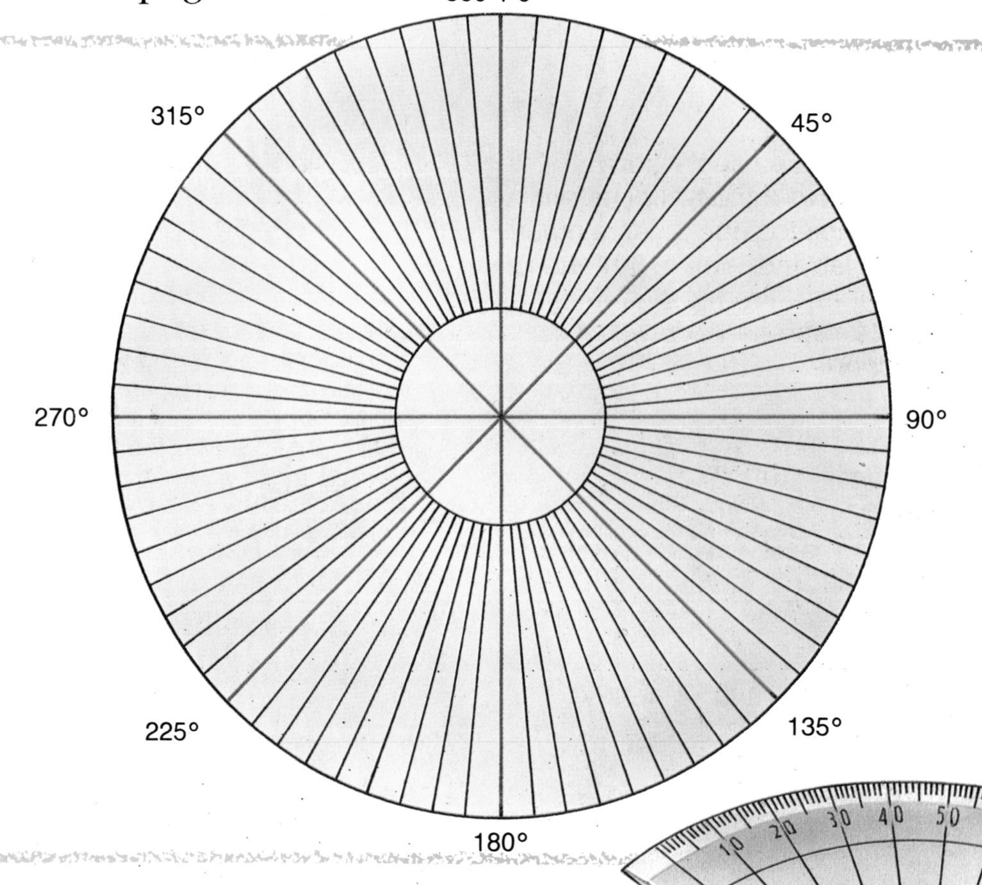

### *Los topógrafos trabajan*

Hoy, los topógrafos usan equipos electrónicos para medir las distancias con seguridad en unos segundos. Los instrumentos registran cuánto tardan la luz y las ondas sonoras en viajar entre dos puntos.
Como conocemos la velocidad de la luz y del sonido, es posible saber la distancia entre dos puntos.

**4.** Usa una regla para ayudarte a trazar líneas entre dos objetos que quieres medir con las líneas de tu tablero. El ángulo entre las dos líneas está representado en el soporte.

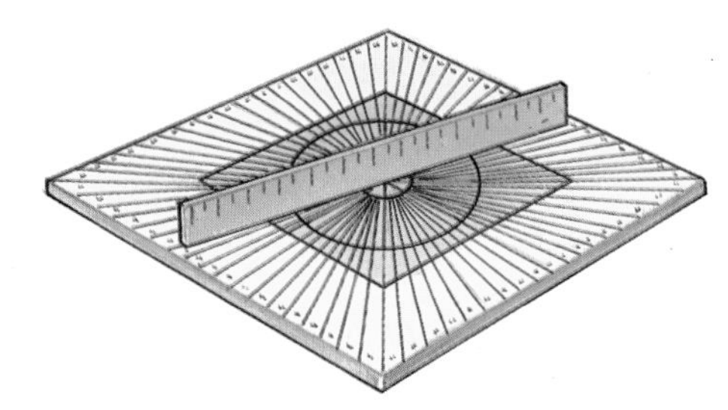

**5.** Comprueba el ángulo en una dirección exacta (sobre este tablero, cada espacio representa cinco grados).

# Hacer mapas

Del mismo modo que los topógrafos toman medidas detalladas, también anotan otra información que aparece en los mapas. Esto puede incluir el tipo de tierra, si es seca o pantanosa, con arbolado o desierto. Los topógrafos también pueden señalar el lugar de los edificios públicos, como las iglesias y las escuelas.

Las medidas que toman los topógrafos sobre el terreno están reforzadas por las fotografías que se toman desde los aviones o los satélites. Estas fotografías se llaman fotografías aéreas. Son muy útiles cuando la tierra es demasiado accidentada o pantanosa para hacer un examen del terreno.

***Mapas desde el aire***

Cuando los aviones sobrevuelan la tierra, una cámara toma dos fotografías de cada sección del terreno.

Izquierda : fotografías de satélite, como ésta de la Bahía de San Francisco en los Estados Unidos, se utilizan para hacer los mapas meteorológicos.

Abajo : aunque algunos mapas todavía se hacen a mano, la mayoría se diseñan con computadoras.

### Hazlo tú mismo

*Haz tu propio mapa de la Isla del Tesoro.*

Escoge una escala para tu mapa y dibuja una flecha que señale la dirección Norte. Decide cómo quieres mostrar la altura del terreno, a través de colores, curvas de nivel, o mediante símbolos y una clave como la del MAPA que está en esta página.

### Encuentra el tesoro

Cuando hayas acabado de dibujar tu mapa, cuadricúlalo y rotula las líneas con letras y números.
Ahora decide dónde vas a esconder tu tesoro. Escribe algunas pistas usando las referencias del cuadriculado para guiar a los cazadores hacia el tesoro.

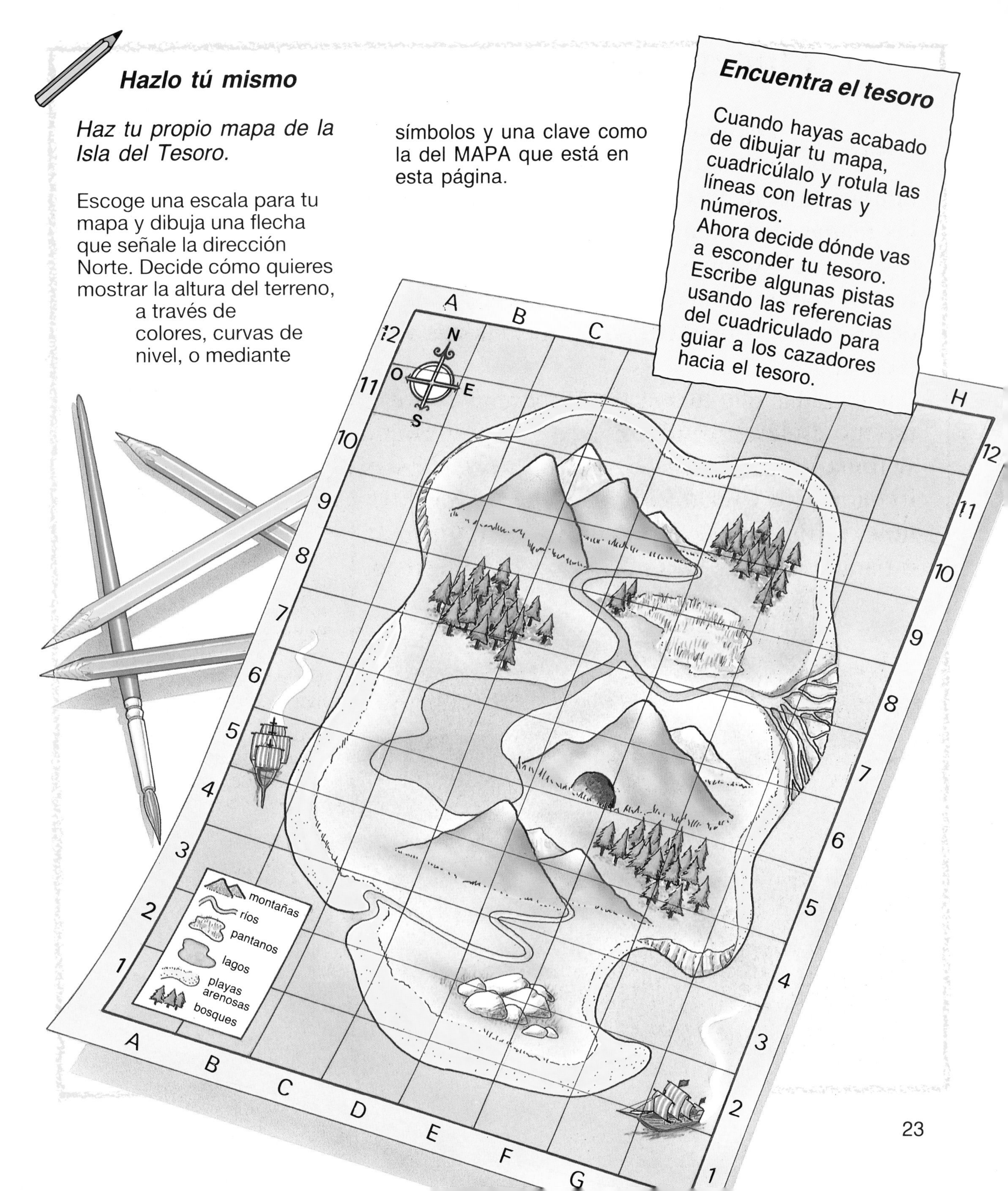

# Haz el mapa del mundo

Probablemente has visto muchos mapas planos del mundo con la superficie terrestre y el mar extendidos sobre una página o una hoja. Pero como la Tierra es redonda, el único mapa del mundo realmente fiel es un globo terráqueo – un modelo esférico de la Tierra. El globo nos muestra la verdadera medida y forma de nuestras tierras y mares. También se inclinan ligeramente sobre un lado. Pero los globos son incómodos de llevar de un sitio a otro. No se pueden plegar y meter en un bolsillo como un mapa plano, por eso usamos los mapas más a menudo.

El único lugar desde donde podemos ver el auténtico tamaño y forma de la tierra, del mundo y de los océanos, está en el espacio, en fotografías vía satélite como ésta.

***Hazlo tú mismo***

*No es fácil hacer dibujos planos de la superficie de la Tierra. Algunas partes del terreno tienen que ser alargadas y otras tienen que encogerse. Intenta hacer tu propio mapa plano desde un globo. Necesitarás papel de calco, un lápiz y cinta.*

Pide a un amigo que te sostenga un globo mientras tú trazas las formas de la tierra.

## *Mapas antiguos*

Hace varios siglos la mayoría de la gente creía que la Tierra era plana, como una gigantesca superficie hasta el cielo. Pensaban que saldrían de los confines si navegaban lo bastante lejos, mar adentro. Este mapa fue dibujado hace unos 500 años. Aunque no es exacto, resulta fácil reconocer las formas de las diferentes áreas de la Tierra. ¿Puedes reconocer partes de Europa o de África?

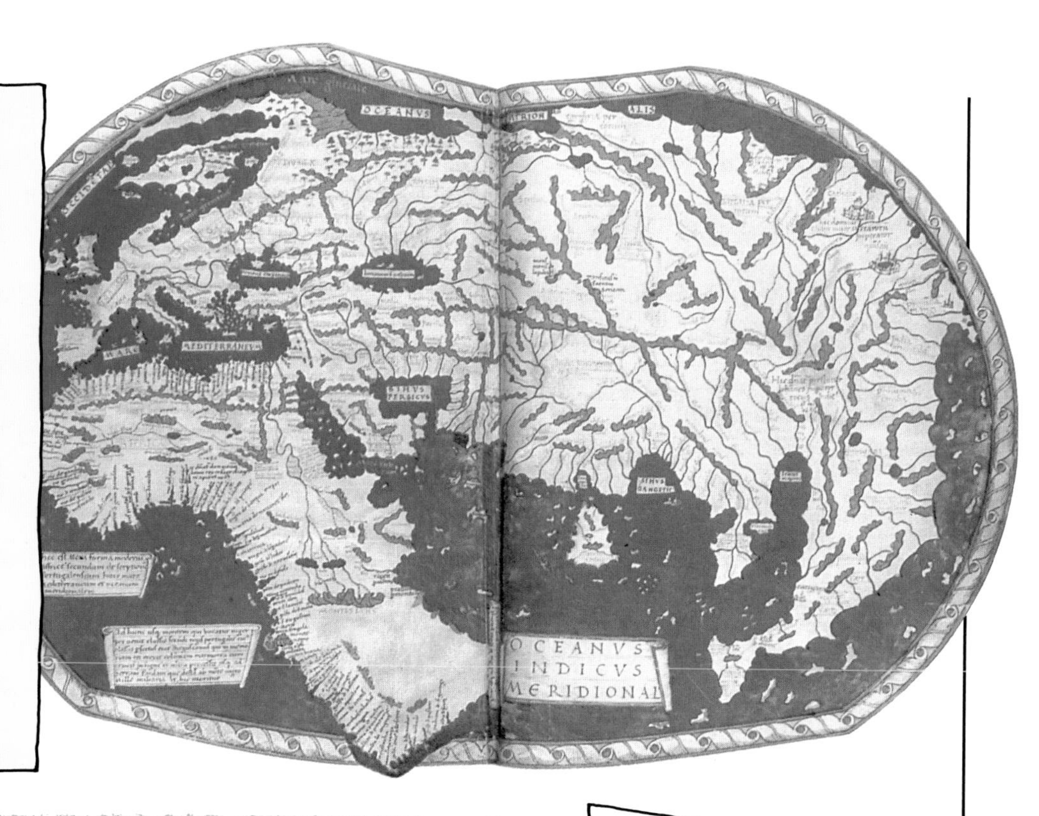


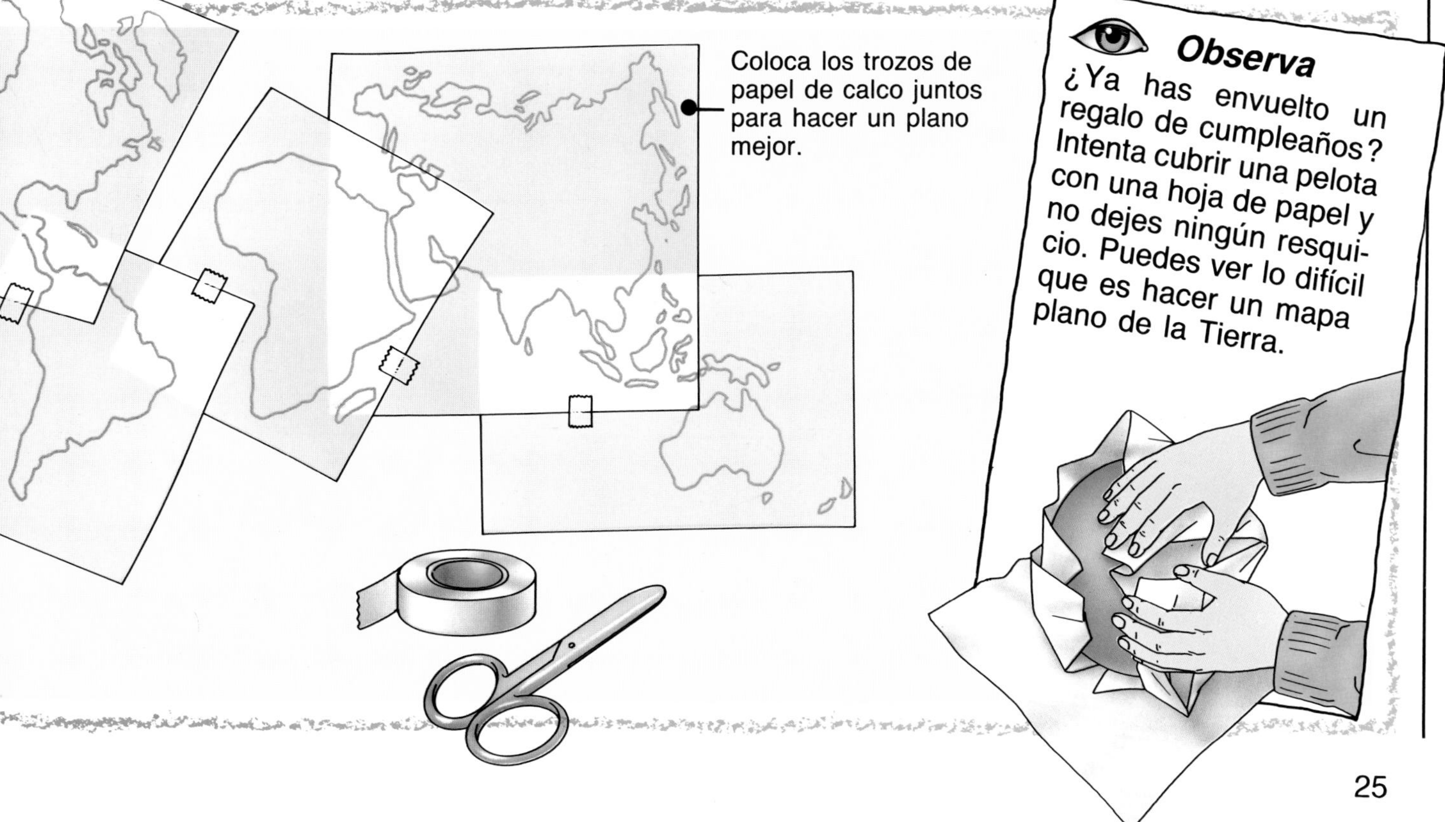

Coloca los trozos de papel de calco juntos para hacer un plano mejor.

### *Observa*

¿Ya has envuelto un regalo de cumpleaños? Intenta cubrir una pelota con una hoja de papel y no dejes ningún resquicio. Puedes ver lo difícil que es hacer un mapa plano de la Tierra.

# Latitud y longitud

En los globos y mapas que nos muestran anchas áreas del mundo, podemos encontrar un lugar siguiendo un cruce de líneas imaginarias llamadas líneas de latitud y longitud. Las líneas de longitud, o meridianos, recorren el mapa o el globo arriba y abajo. Se miden en grados al Este u Oeste de una línea que cruza Greenwich, en Inglaterra. Las líneas de latitud o paralelos, se miden en grados al Norte o Sur del Ecuador, una línea imaginaria que rodea la parte central de la Tierra.

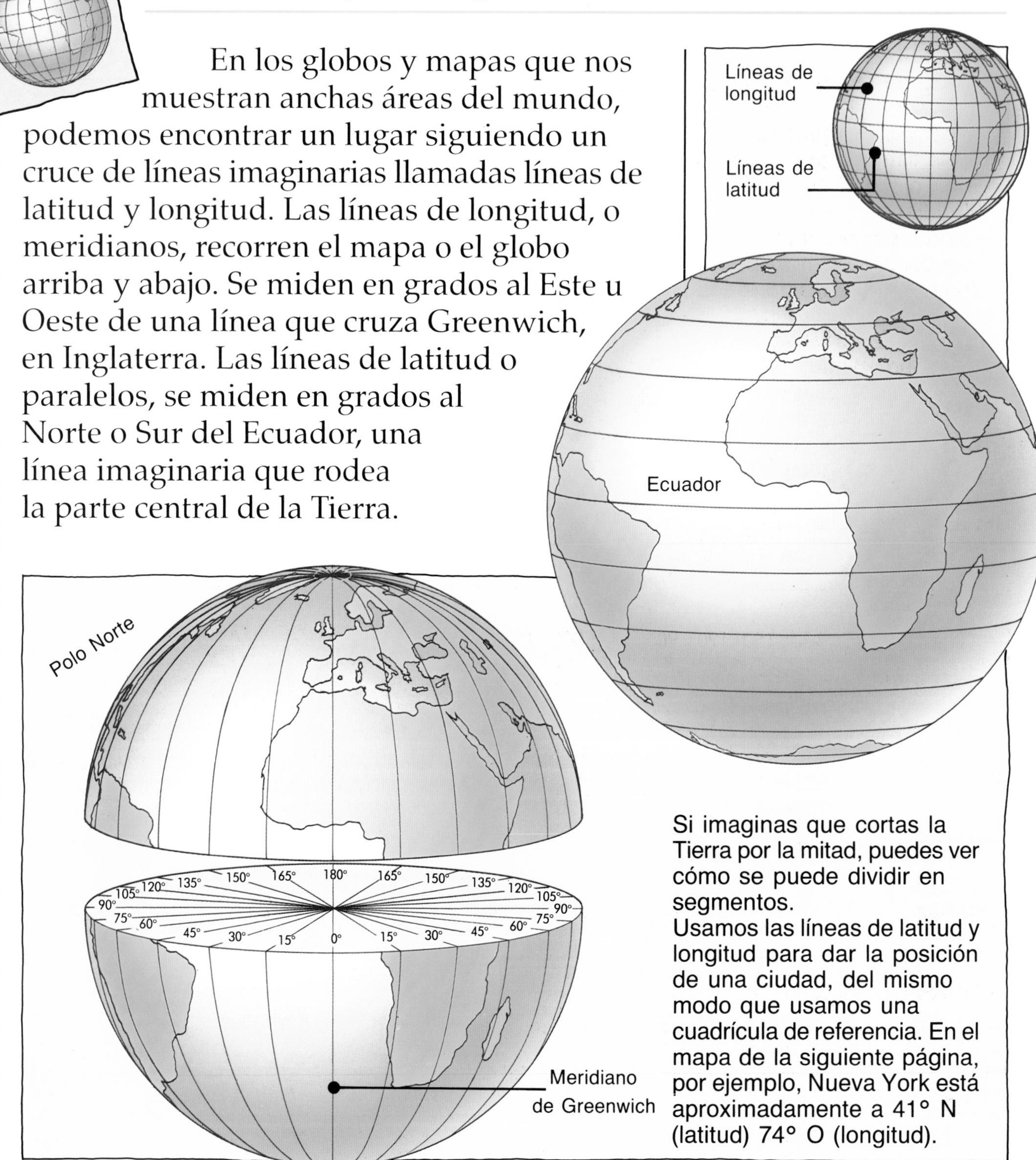


Si imaginas que cortas la Tierra por la mitad, puedes ver cómo se puede dividir en segmentos.
Usamos las líneas de latitud y longitud para dar la posición de una ciudad, del mismo modo que usamos una cuadrícula de referencia. En el mapa de la siguiente página, por ejemplo, Nueva York está aproximadamente a 41° N (latitud) 74° O (longitud).

## *El gran meridiano*

La línea 0° de longitud puede verse como una línea sobre el terreno en Greenwich, Inglaterra. Se le llama, a veces, el Gran o el Principal Meridiano.
Cada lugar del mundo que coincide con esta línea tiene la misma hora, llamada Tiempo Primario de Greenwich o TPG abreviando.
Cada 15° al Este u Oeste del Meridiano de Greenwich, la hora varía. Al Este es más temprano y al Oeste es más tarde.

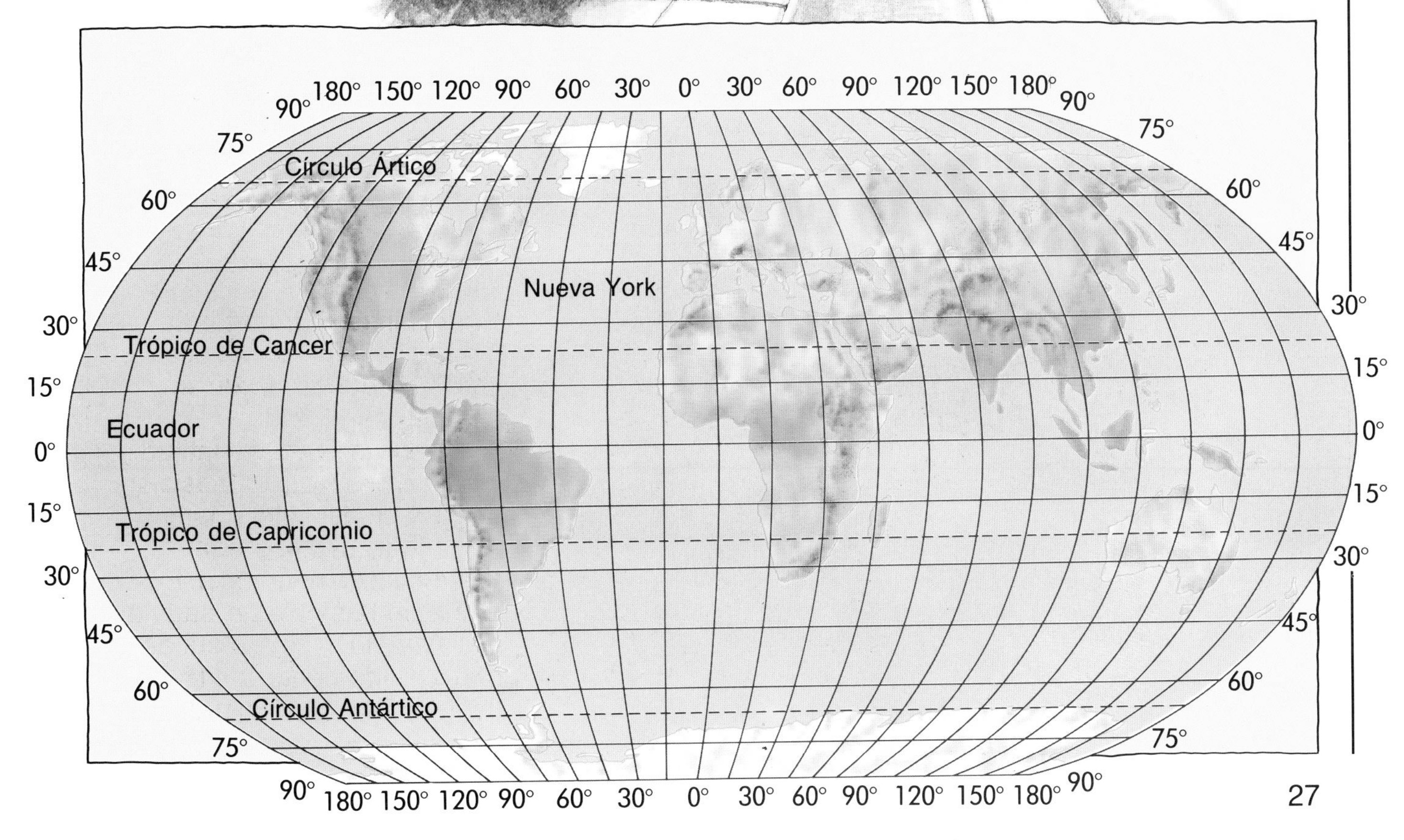

# Proyecciones de mapa

Una proyección es la manera que tienen los cartógrafos de mostrarnos la superficie curva de la Tierra sobre un mapa plano. Hay alrededor de 200 clases de proyecciones de mapas, pero todos ellos alteran o cambian la forma y el tamaño de los continentes o de la distancia entre ellos. Esta alteración es mayor en los mapas de todo el mundo. Los cartógrafos escogen una particular proyección de mapa que depende de lo que necesitan mostrar. Tres importantes tipos de proyecciones de mapas se nos muestran en la siguiente página.

***Observa***

Mira los distintos atlas para comparar el tamaño y la forma de un país en varias proyecciones. Todos los mapas que están arriba en esta página, son de Groenlandia. En algunos mapas, Groenlandia parece mayor que América del Sur, pero América del Sur es ocho veces más grande.

***Hazlo tú mismo***

*Intenta pelar una naranja y deja la cáscara en el suelo. No hay forma de que hagas esto sin romper la cáscara.*

Para diseñar un mapamundi, los cartógrafos deben dividir la tierra en trozos, parecidos a los gajos de una naranja.

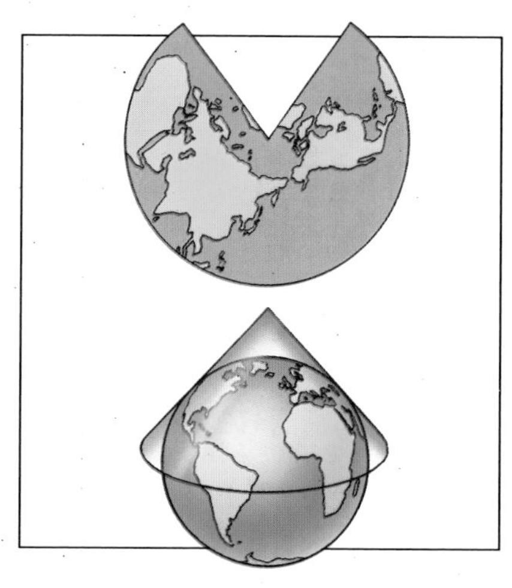

## *Proyección cónica*

Este mapa está dibujado como si un cono de papel hubiese sido colocado sobre el globo, tocándolo a lo largo de una línea de latitud.

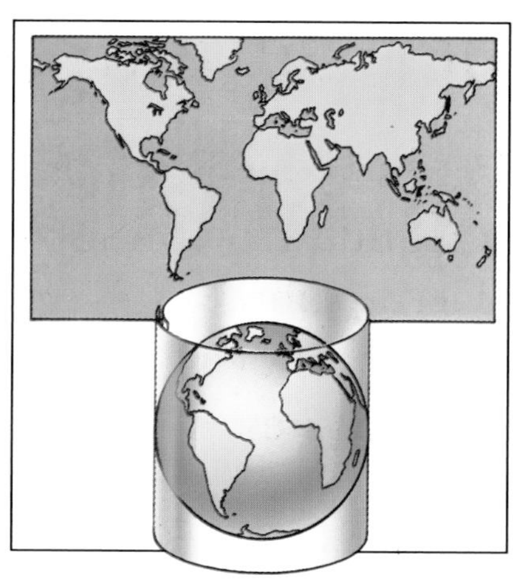

## *Proyección cilíndrica*

Una proyección cilíndrica se hace como si el globo hubiese sido encajado en un tubo, o en un cilindro, de papel.

## *Proyección trapezoidal*

Una proyección trapezoidal se hace como si una hoja de papel tocase el globo en un punto del centro del mapa.

Todos los trozos se han colocado uno al lado del otro y los resquicios se han rellenado o estirado, para conseguir un mapa plano como el de la derecha. Este mapa es una proyección cilíndrica. Todas las áreas grises han sido estiradas.

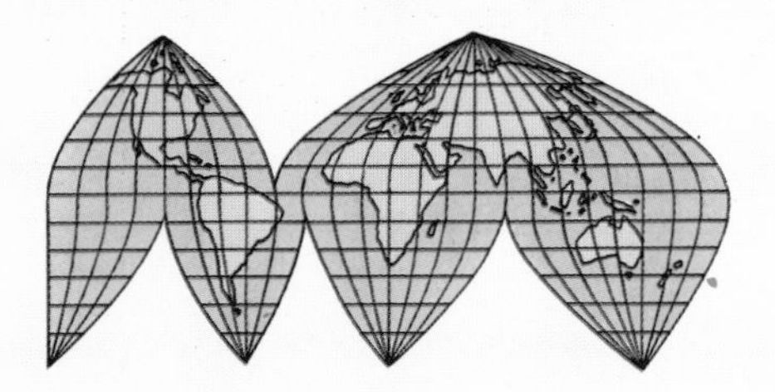

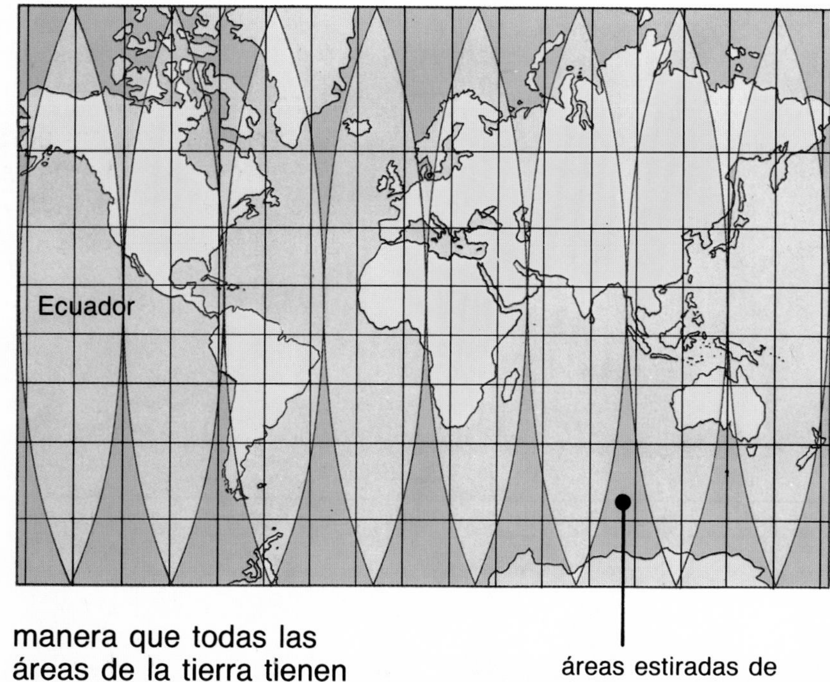


A este mapa se le llama de proyección sinuosa. Aquí el globo ha sido cortado de tal manera que todas las áreas de la tierra tienen la forma y el tamaño correctos.

áreas estiradas de tierra y mar.

# Utiliza los mapas

Si miras alrededor, podrás ver muchos mapas diferentes. Los mapas nos pueden mostrar casi todo, desde el número de casas de una ciudad, a las ciudades de un país, los lugares de las batallas, la cantidad de personas que hay en un lugar o el tiempo. Como las áreas cambian muy rápidamente, los mapas se suelen diseñar continuamente con la más reciente información. Trata de encontrar mapas antiguos de tu ciudad en una librería de tu localidad. ¿Cómo ha cambiado a través de los años? Ahora que sabes más sobre los mapas, podrás descubrir cuánto pueden contarnos sobre nuestro mundo.

***Mapas para turistas***
Los mapas para turistas suelen estar llenos de ilustraciones de sitios. No se pueden dibujar a escala pero son fáciles de usar.

***Los mapas de la luna***

La mayoría de los mapas que usamos son de la tierra y los mares de nuestro planeta, pero esta fotografía nos muestra un mapa del norte de la Luna. Nombra todos los cráteres, depresiones y valles de la superficie de la Luna. Los mapas como éste pueden usarse para trazar los sitios de aterrizaje de la nave espacial lanzada desde la Tierra. Los expertos también han dibujado mapas de las estrellas en el firmamento, llamados cartas estelares de navegación.

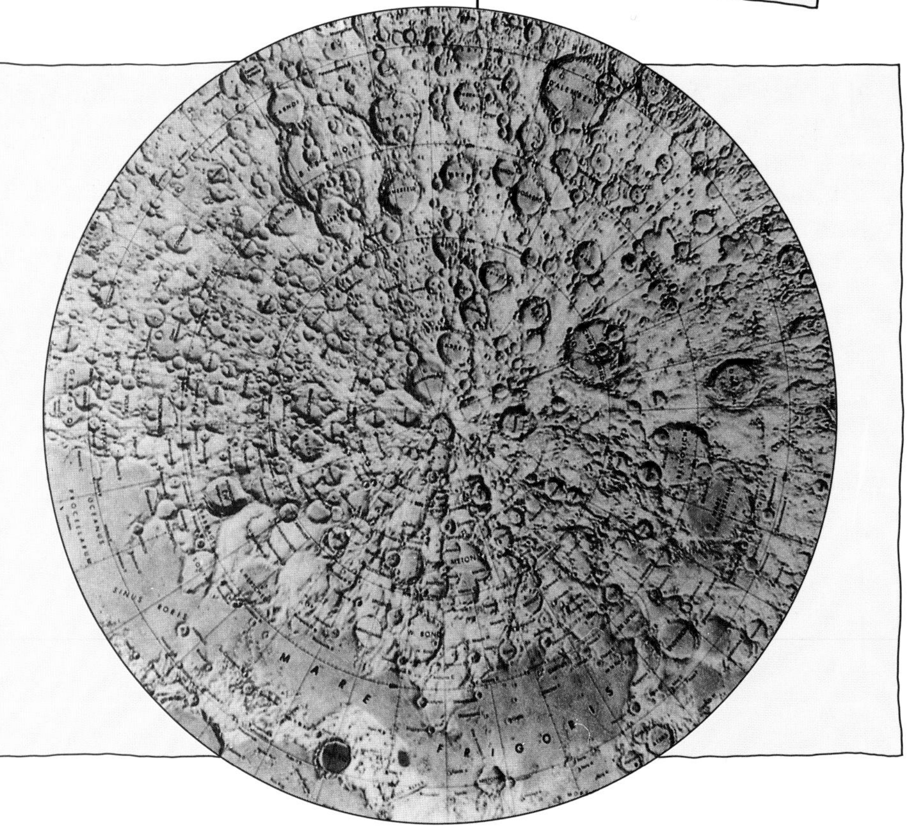

### Mapas geológicos

Algunos mapas nos muestran cómo son las rocas y la tierra bajo el suelo. Son útiles para planear el trabajo de la construcción o las conducciones de gas y petróleo.

### El código del caminante

- Camina siempre con un adulto.
- Di siempre dónde vas y cuándo piensas volver.
- Lleva un mapa detallado y una brújula. Un silbato es útil para pedir ayuda si te pierdes o alguien resulta herido.
- Sigue fielmente la senda marcada sobre tu mapa.
- Lleva comida y bebida, y ropa impermeable y de abrigo.
- Cuida de no dejar basura, no coger flores silvestres o molestar a los animales.

Antes de salir a pasear por el campo, estudia el mapa cuidadosamente y planea tu ruta. No intentes ir muy lejos.
¡Recuerda que una distancia corta en un mapa es mucho más larga sobre el terreno!

# Índice



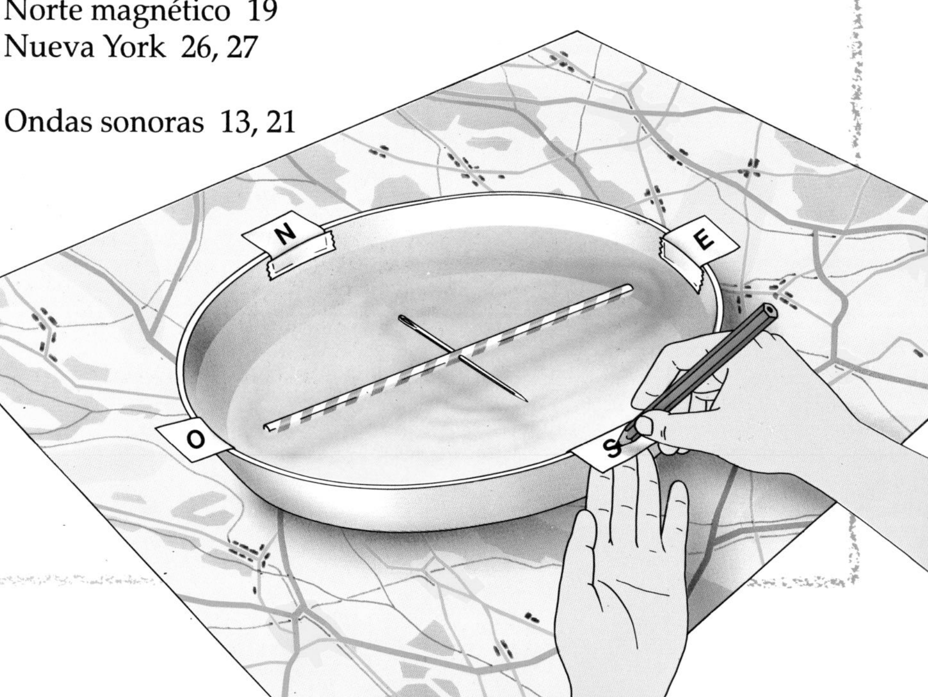

# TIEMPO Y CLIMA

# Sobre este capítulo

Este capítulo trata sobre el tiempo atmosférico y sus variantes en el mundo. También te da muchas ideas para buscar fenómenos y realizar proyectos. Podrás encontrar casi todo lo que necesitas para hacerlo en tu propia casa. Puedes necesitar comprar algunos artículos, pero todos ellos son baratos y fáciles de encontrar. En ocasiones, necesitarás la ayuda de un adulto, por ejemplo, para hacer algunos de los instrumentos meteorológicos.

## Trucos para las actividades

- Antes de empezar, lee las instrucciones con atención y prepara todo lo necesario.
- Ponte ropa vieja o una bata o mono.
- Cuando hayas terminado, recoge todo, especialmente los objetos afilados como cuchillos y tijeras, y lávate las manos.
- Vas a empezar un cuaderno especial. Anota en él lo que haces y los resultados obtenidos en cada proyecto.

# Contenido



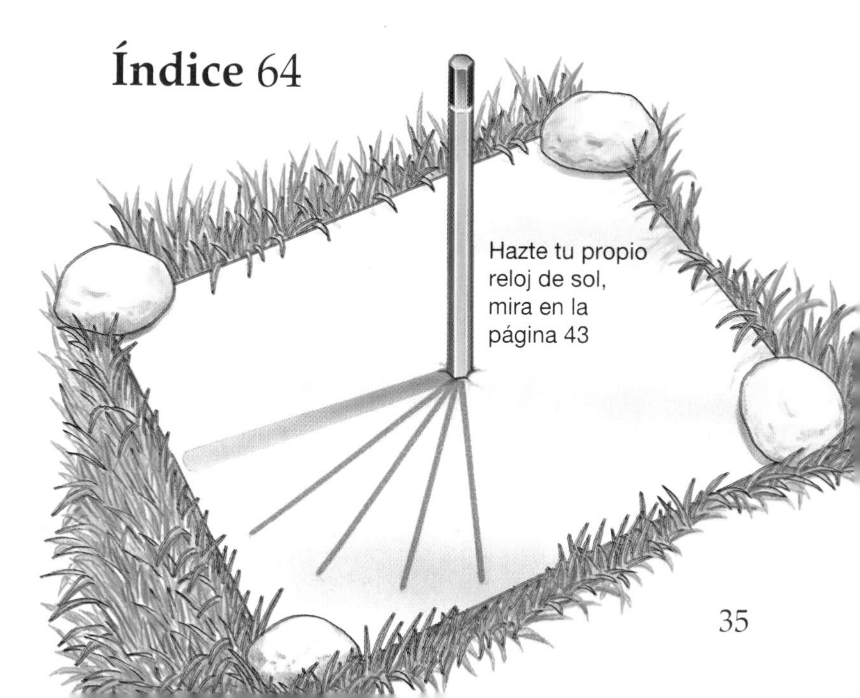

Hazte tu propio reloj de sol, mira en la página 43

# El tiempo en movimiento

¿Qué día hace hoy? ¿Hace sol o está nublado? ¿Hay humedad o está seco? Hace viento o está apacible? En la mayoría de los países el tiempo cambia continuamente. Los cambios climáticos son producidos por los vientos —movimientos en el aire— a través del mundo. Los vientos se forman al calentar el sol unas partes de la tierra más que otras, produciendo diferencias de temperatura, que provocan el movimiento del aire. El viento puede llegar a tener una fuerza muy grande, provocando tormentas y huracanes muy violentos.

**Observa**

Donde vives, ¿suele haber pequeños cambios de clima todos los días? Empieza un diario y registra los cambios en el tiempo.

Cuando llueve mucho, puede ser desagradable salir a la calle, pero el agua es fundamental para vivir. Al igual que los animales, necesitamos el agua para estar vivos.

Los científicos intentan predecir o prever el tiempo que va a hacer al día siguiente o durante los próximos días. Así la gente se puede organizar. Por ejemplo, no irías de excursión al campo, si supieras que va a llover o a hacer frío.

La previsión del tiempo es muy importante para mucha gente, sobre todo para los que trabajan al aire libre. Por ejemplo, los agricultores, que necesitan decidir cuándo arar sus tierras, segarlas y cosecharlas.

## *La atmósfera*

Las fotografías de satélites, tomadas desde el espacio, muestran una niebla azul alrededor de la tierra. Se trata del aire o la atmósfera. Los cambios de tiempo se producen sólo en la capa más baja de la atmósfera, la que está más cerca de la Tierra. Los aviones vuelan muchas veces por encima de las nubes, donde el aire está más tranquilo.

# Tipos de tiempo

Aunque el tiempo puede cambiar todos los días, las diferentes partes de la Tierra tienen un tiempo que suele ser parecido durante una determinada época del año. El tipo de tiempo que se produce en una zona se llama clima.

Los distintos lugares de la Tierra tienden a tener diferentes tipos de clima, desde los desiertos cálidos y secos hasta las regiones polares frías y nevadas. Las zonas climáticas dependen principalmente de lo cerca que estén del Ecuador (una línea imaginaria alrededor de la mitad de la Tierra), de la altitud a que se encuentren, y de lo lejos que estén del mar.

***El clima en las ciudades***

El clima en las ciudades suele ser más cálido que en el campo, porque la piedra de los edificios retiene el calor del sol.

***Hazlo tú mismo***

*Como la superficie de la tierra es curva, unas zonas reciben más luz y calor que otras. Haz el siguiente experimento para ver cómo funciona.*

Ilumina con una linterna una cartulina colocada vertical. Así es como los rayos del Sol iluminan el Ecuador, haciendo que sea muy cálido. Ahora coge la cartulina en perpendicular, para ver cómo los rayos de sol se difuminan más junto a los Polos.

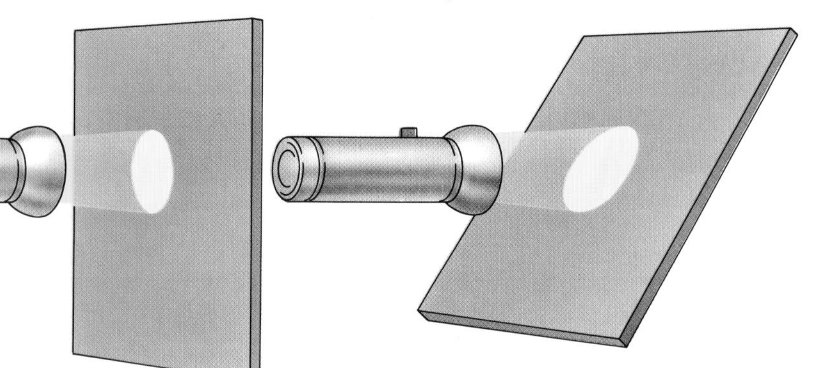

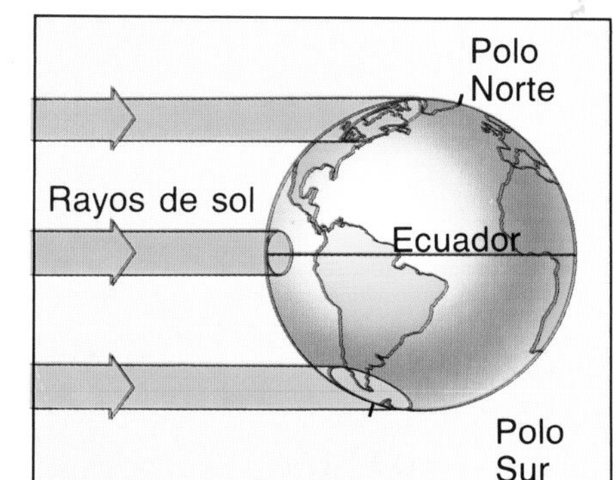


***Los rayos de sol***

En los Polos, los rayos del Sol están más extendidos y tienen que calentar una zona más grande. Esto quiere decir que éstos calientan con más dificultad y que los climas son más fríos.

***Polos y tundra***
Frío y seco todo el año. Siempre helado en los Polos.

***Templado frío***
Inviernos nevados y largos, y veranos calientes y cortos.

***Templado***
Ni muy caliente ni muy frío. Lluvias durante todo el año.

***Montañoso***
Frío y nevado en las cimas altas, cálido en los valles.

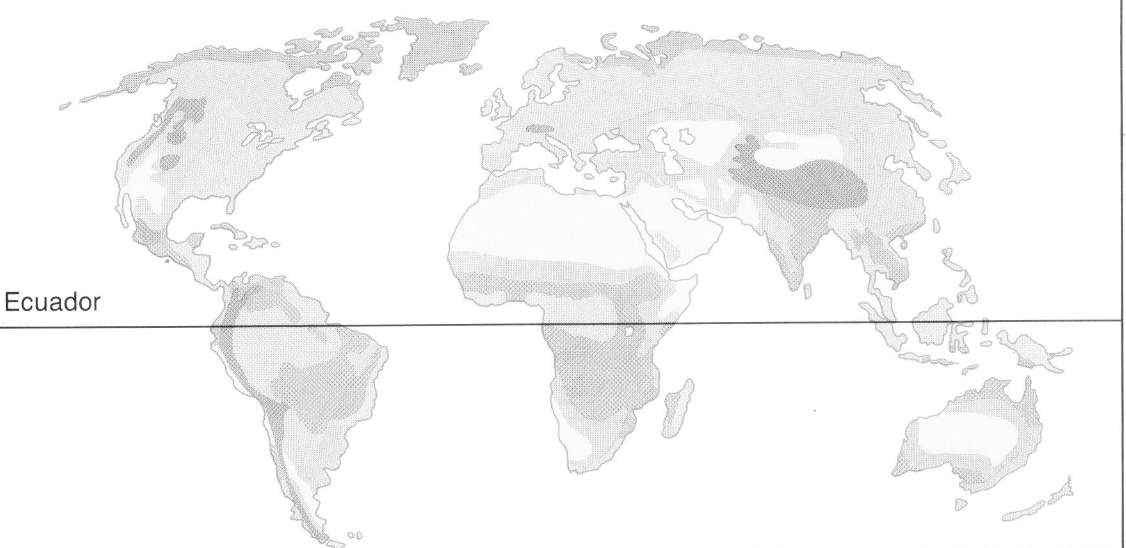


***Desiertos***
Mucho calor y sequía durante todo el año, sin apenas lluvias.

***Estepas y sabanas***
Veranos cálidos y secos e inviernos fríos y nevados.

***Tropical***
Calor durante todo el año, con lluvias de verano.

***Ecuatorial***
Lluvia y calor durante todo el año. Muy húmedo.

# Las estaciones del año

En muchas partes del mundo, el clima cambia de forma regular a lo largo del año. Estos cambios – en primavera, verano, otoño e invierno – reciben el nombre de estaciones. Se producen porque la tierra está inclinada respecto a su eje (una línea imaginaria entre el Polo Norte y el Polo Sur). La tierra, al ir girando despacio alrededor del Sol (la vuelta completa dura un año), recibe diferente cantidad de luz y de calor. Observa el diagrama de la página siguiente para ver cómo funciona.

***Hibernación***

Algunos animales, como este lirón, hibernan, o duermen durante los meses fríos del invierno. Viven de la grasa que tienen almacenada en el cuerpo hasta la primavera.

***Hazlo tú mismo***

*Haz una maqueta para ver cómo funcionan las estaciones. Necesitarás un pelota de ping-pong, una paja, tijeras, pegamento, lápices de colores y una lámpara de mesa.*

**1.** Corta la paja por la mitad. Pega una mitad a la parte superior de la pelota y la otra a la parte inferior.

**2.** Pídele a un adulto que le quite la pantalla a una lámpara de mesa y que te encienda la lámpara.

**3.** Camina despacio alrededor de la lámpara, inclinando tu «Tierra» ligeramente y manteniéndola inclinada hacia el Sol.
Observa cómo ilumina la lámpara tu «Tierra».

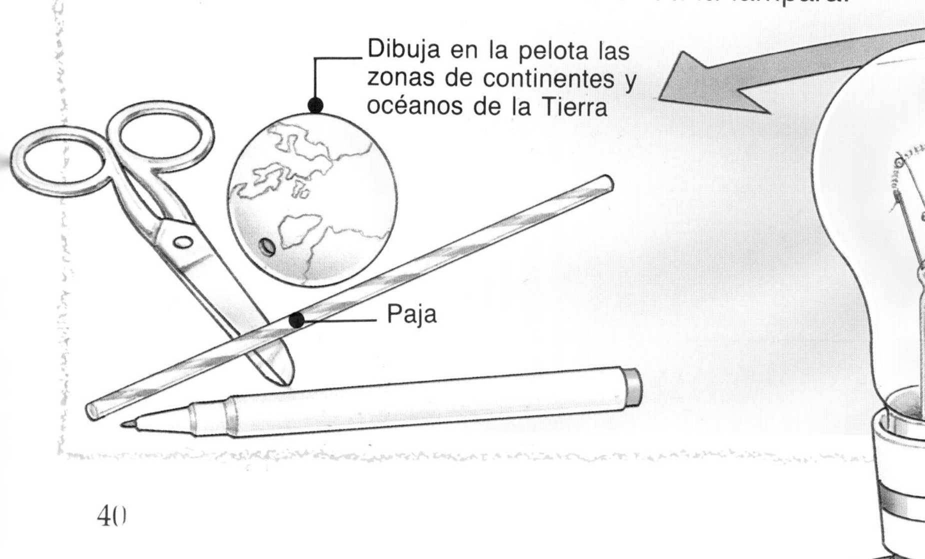

### *Cómo funcionan las estaciones*

Cuando el Polo Norte está inclinado hacia el Sol (1), es verano en la mitad superior del mundo e invierno en la mitad inferior. Seis meses más tarde, el Polo Sur se inclina hacia el Sol (3), haciendo que sea verano en el Sur e invierno en el Norte.

Durante la primavera y el otoño (2 y 4), las dos partes de la Tierra tienen la misma cantidad de luz solar. Las zonas más próximas al Ecuador no tienen realmente estaciones, ya que están muy alejadas de los Polos y no les afecta la inclinación de la Tierra.

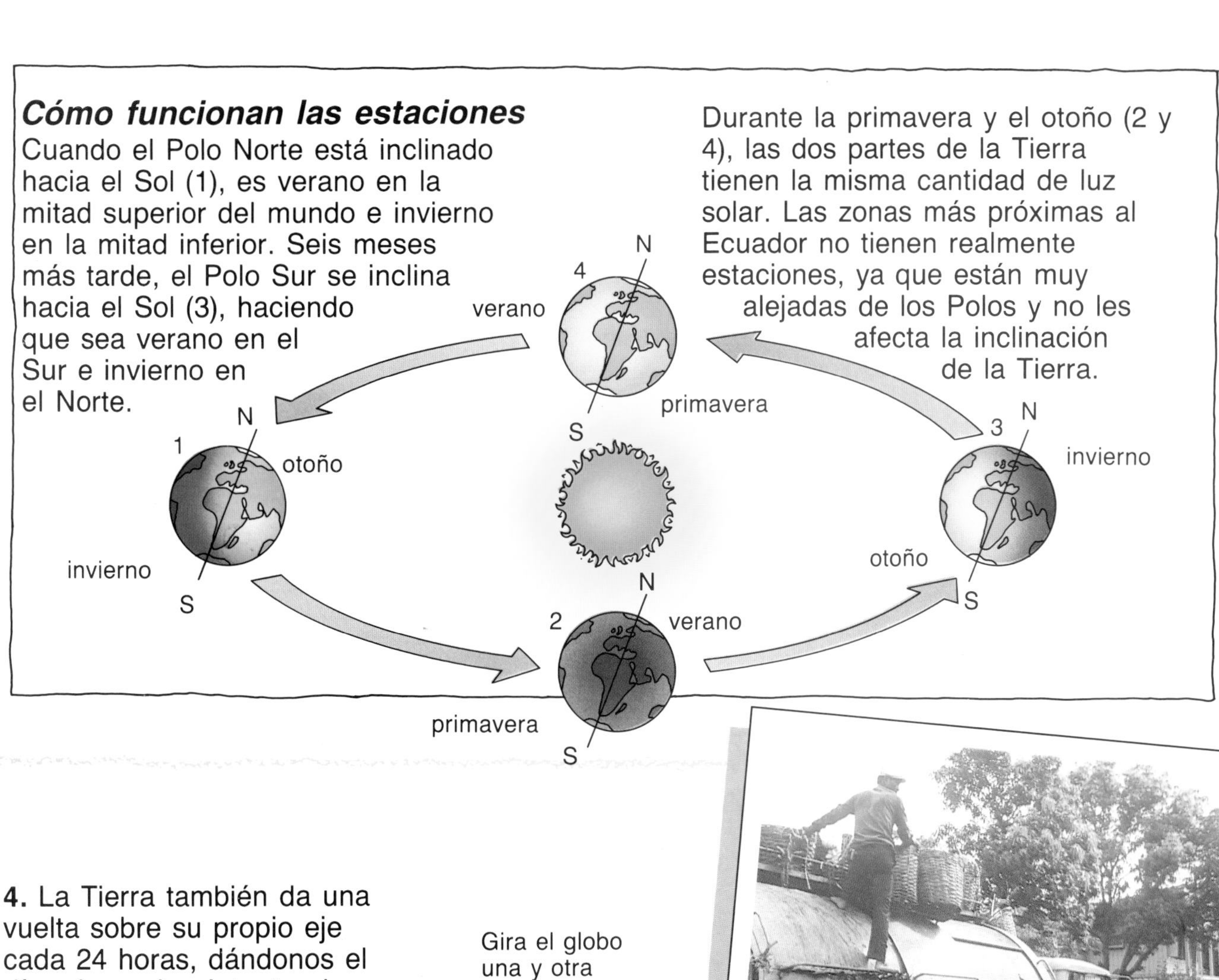


**4.** La Tierra también da una vuelta sobre su propio eje cada 24 horas, dándonos el día y la noche. Intenta girar el globo una y otra vez para ver cómo funciona.

Gira el globo una y otra vez

Día

Noche

Unos países tropicales tienen una estación de lluvias denominada monzón. Puede llover sin parar y producir inundaciones.

# El poder del Sol

Sin el poder del Sol, no existiría el tiempo. El Sol calienta la Tierra, que pasa parte de este calor al aire. Con ello se produce el movimiento del aire, ya que el aire caliente sube hacia arriba. Según va subiendo el aire caliente y se aleja de la Tierra caliente, se enfría y vuelve a bajar. Así se va moviendo el aire por todo el mundo, causando vientos, que acarrean los cambios de tiempo.

El aire caliente es más ligero que el frío, porque está más esparcido, así la misma cantidad de aire cubre un espacio mayor. Por eso, el aire caliente tiende a subir. Haz pompas de jabón encima de un radiador caliente y observa cómo tienden a subir con el aire caliente.

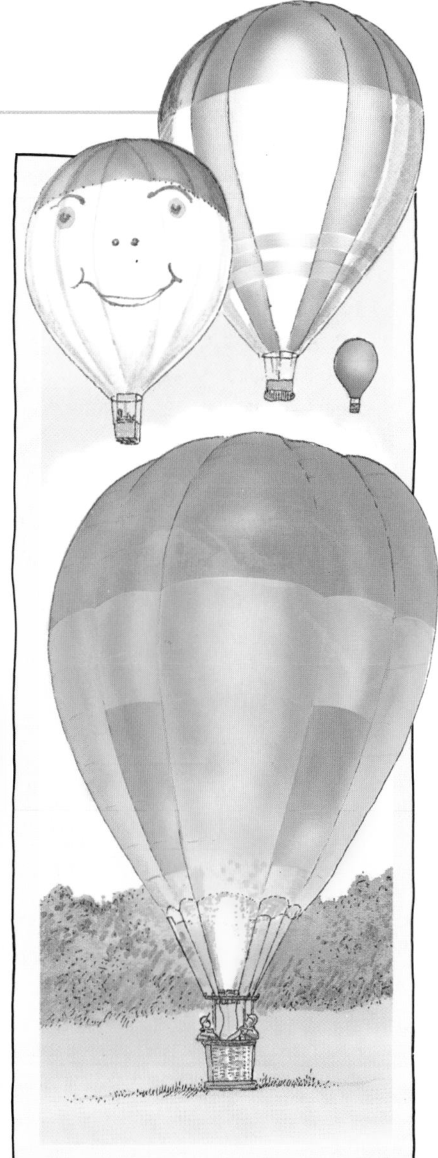

***Globos de aire caliente***

El aire dentro de un globo de aire caliente se calienta con una llama de gas. Como el aire de dentro es más ligero que el de fuera, más frío, el globo sube. Cuando se enfría el aire del interior, se vuelve más pesado y el globo baja.

## *Hazlo tú mismo*

*Haz un reloj de sol para saber la hora. Necesitas un lápiz y un cartón.*

**1.** Coloca tu reloj de sol en un sitio lejos de los árboles y edificios, y recuerda que tiene que hacer sol.

**2.** Cada hora, dibuja una línea para marcar la posición de la sombra del lápiz y escribe la hora al final de cada línea.

Los relojes de sol fueron la primera forma de medir el tiempo. Los primeros, parecidos al que ves a la izquierda, se utilizaron por primera vez hace unos 5000 años.

Una vez marcadas las sombras de todo el día, puedes utilizar el reloj de sol para saber la hora, sin mirar tu reloj.

# Frío y calor

Los cambios de tiempo están causados por cambios de temperatura, según lo frío o caliente que esté el aire. Por lo tanto, es importante poder medir la temperatura con precisión. Para medirla utilizamos el termómetro. El termómetro suele consistir en un tubo largo y delgado que contiene un líquido (mercurio o alcohol), sensible a los cambios de temperatura. Cuando estos líquidos se calientan, se expanden, ocupan más espacio y suben por el tubo. Entonces leemos la temperatura con una escala que hay junto al tubo.

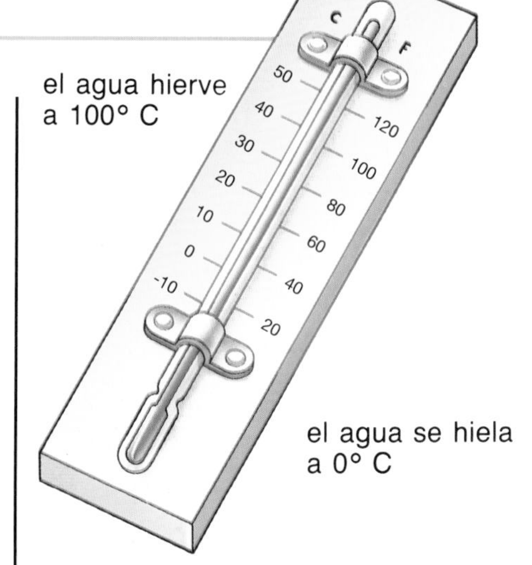


La temperatura suele medirse en grados Fahrenheit (ºF) o en grados centígrados (ºC). La escala de temperatura Celsius se basa en el punto de ebullición y de congelación del agua

### *Brisa marina*

En la playa suele soplar una brisa fresca, la brisa marina. Esto sucede porque la Tierra se calienta más rápidamente que el mar, calentando el aire por encima. El aire caliente sube y el aire fresco del mar ocupa su lugar.

Por la noche, la tierra se enfría más deprisa que el mar, enfriando el aire. El aire frío sopla hacia el mar, que tiene un aire más caliente, yendo la brisa de la tierra hacia el mar.

## *Hazlo tú mismo*

*Hazte tu propio termómetro, utilizando una botella de plástico resistente con un tapón de rosca, una paja de plástico fina, plastilina, cinta adhesiva y cartón rígido. Dale color al agua con pintura de acuarelas.*

**1.** Pídele a un adulto que le haga un agujero al tapón de una botella. Une las piezas asegurándote de que el agua sobresale por la paja cuando pongas el tapón. Deja que se asiente el agua durante una hora y marca el nivel del agua en la escala.

**2.** Pon el termómetro en un recipiente con agua muy fría y en uno con agua muy caliente. Observa cómo cambia el nivel del agua.

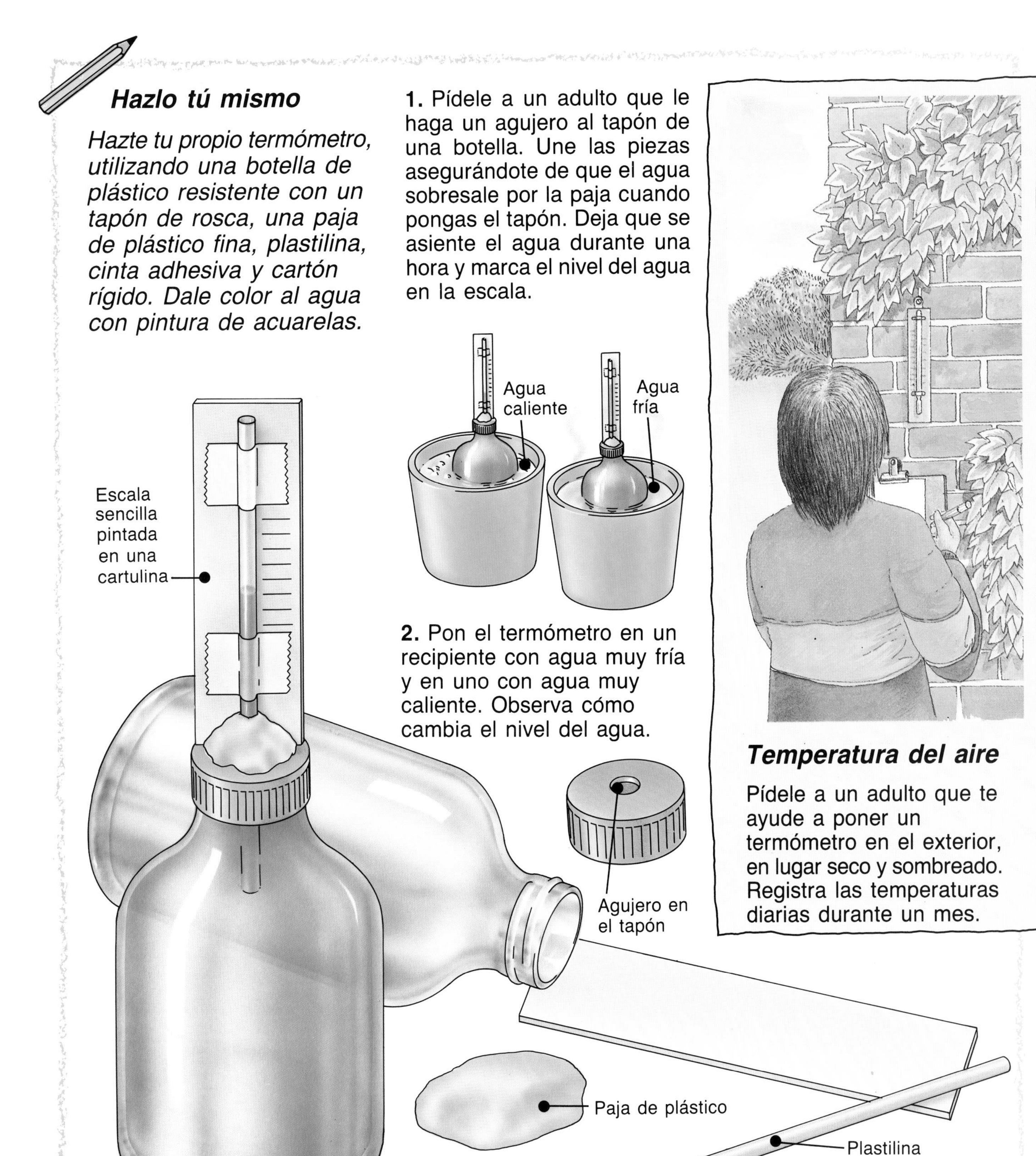


### *Temperatura del aire*

Pídele a un adulto que te ayude a poner un termómetro en el exterior, en lugar seco y sombreado. Registra las temperaturas diarias durante un mes.

# La presión del aire

Cuando despegas de la Tierra en avión, te pueden doler o taponar los oídos. Esto se debe a que los tímpanos notan los cambios de presión del aire al subir y bajar el avión a mucha velocidad. Pero, ¿qué es la presión del aire? Es consecuencia del peso de todo el aire de la atmósfera, que ejerce presión sobre la Tierra. La presión cambia con la altura y también cuando se enfría y se calienta el aire. Los cambios de presión originan cambios de tiempo.

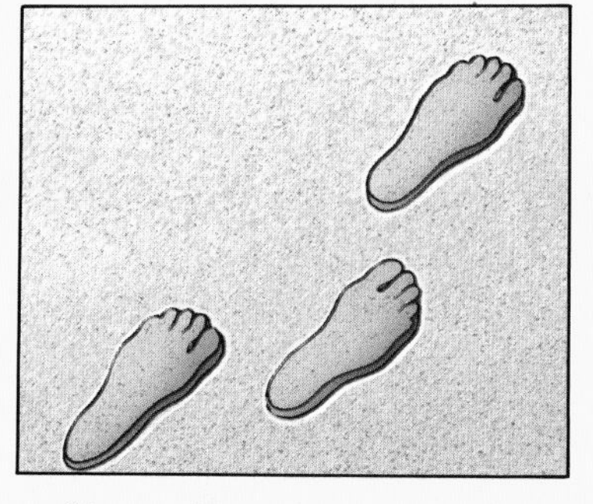

***Observa***

Generalmente no nos damos cuenta de la presión del aire por el aire que tenemos dentro. Éste ejerce presión hacia fuera y anula la presión de aire que nos rodea por fuera. Pero puedes observar el efecto de la presión del peso de tu cuerpo en la playa, cuando tus pasos se hunden en la arena.

En lo alto de montañas muy elevadas, la presión del aire es baja. Cuanto más subes, el aire que rodea la Tierra es menor.

## *Hazlo tú mismo*

*Intenta hacer este experimento para ver el efecto de la presión del aire.*

**1.** Llena un vaso de agua hasta el borde y coloca un trozo de cartulina encima.

**2.** Pon tu mano encima de la cartulina y dale la vuelta al vaso.

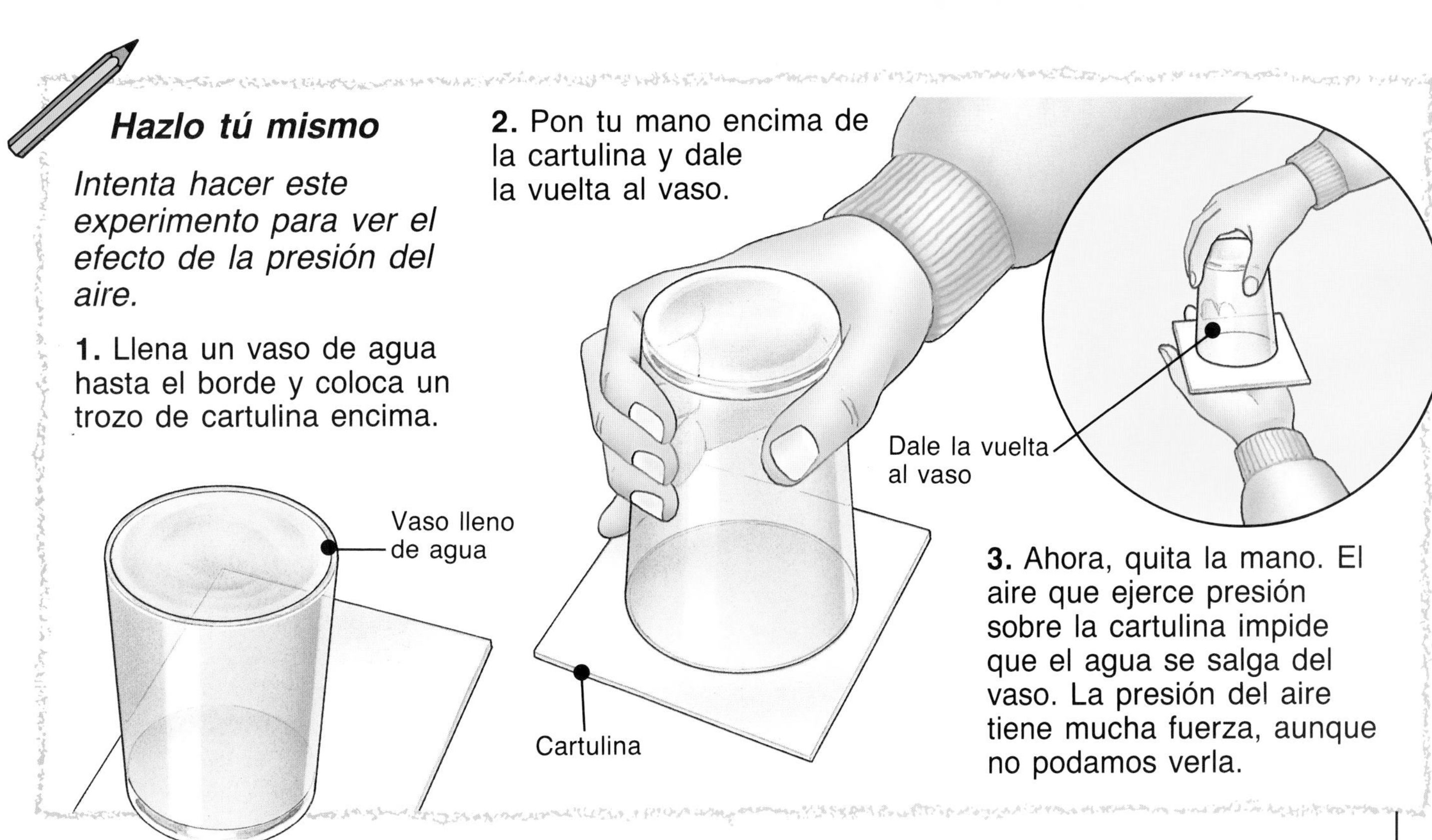


**3.** Ahora, quita la mano. El aire que ejerce presión sobre la cartulina impide que el agua se salga del vaso. La presión del aire tiene mucha fuerza, aunque no podamos verla.

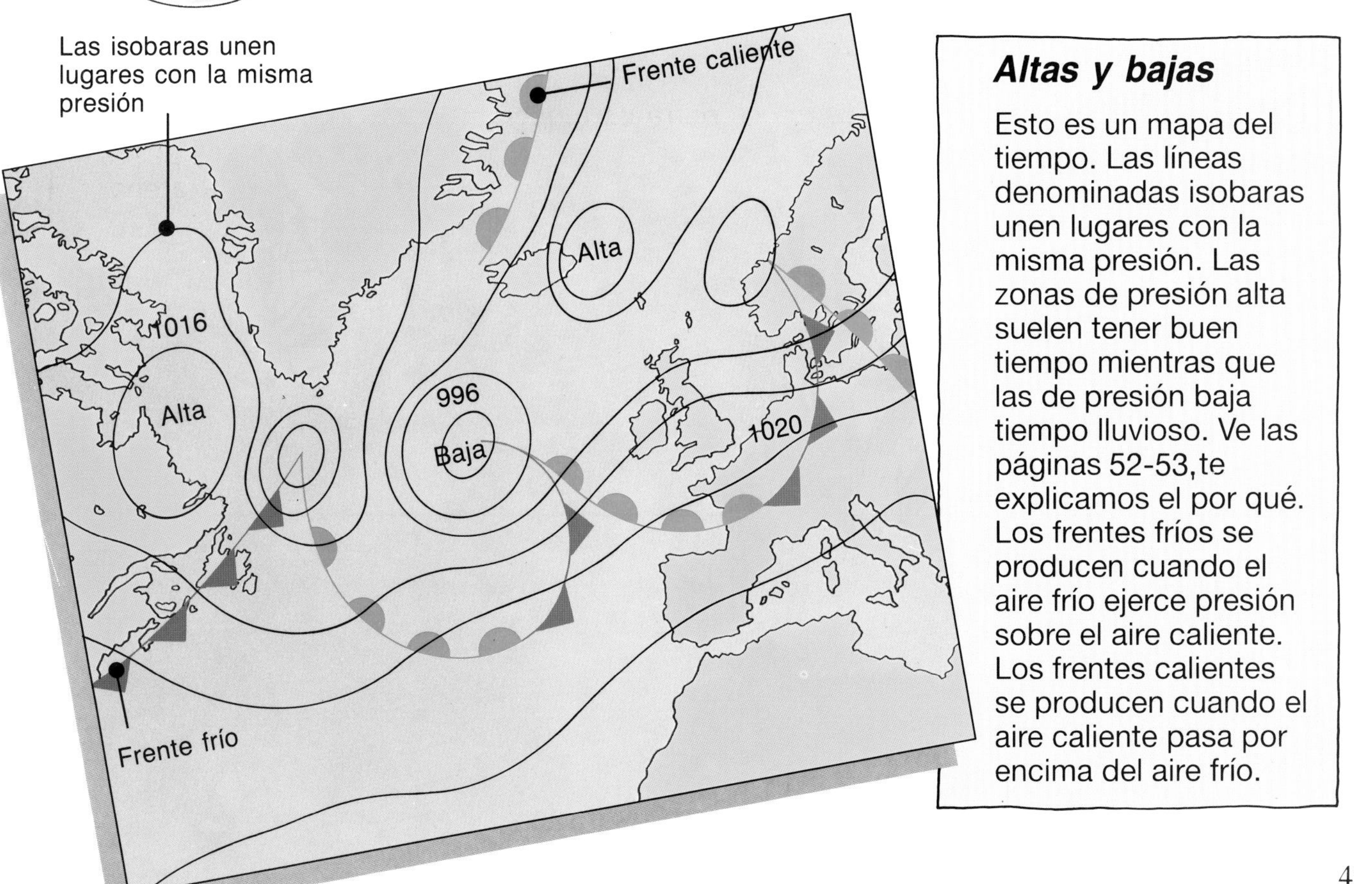


### *Altas y bajas*

Esto es un mapa del tiempo. Las líneas denominadas isobaras unen lugares con la misma presión. Las zonas de presión alta suelen tener buen tiempo mientras que las de presión baja tiempo lluvioso. Ve las páginas 52-53, te explicamos el por qué. Los frentes fríos se producen cuando el aire frío ejerce presión sobre el aire caliente. Los frentes calientes se producen cuando el aire caliente pasa por encima del aire frío.

## *Hazlo tú mismo*

*La presión del aire se mide con un instrumento que se llama barómetro. Intenta hacerte tu propio barómetro.*

**1.** Corta un trozo pequeño de globo, estíralo encima de un bote de plástico y sujétalo con una goma.

**2.** Pega la paja con cinta adhesiva en el medio del globo.

**3.** Marca una escala en un trozo de cartón y ponla al lado de tu barómetro.

**4.** Mira el barómetro todos los días a la misma hora y marca el lugar al que llega la paja en la escala. Los cambios de presión hacen que se muevan el globo y la paja hacia arriba y hacia abajo.

Arriba : medimos la presión para saber cuándo va a cambiar el tiempo. Otra forma es mirar las nubes, ya que éstas se suelen formar en zonas de presión baja. En la página 53 podrás encontrar consejos para observar las nubes.

# Los vientos

Cuando sopla el viento, es como si se dejara salir el aire de un globo. El aire del interior del globo está a presión alta y se precipita hacia fuera, donde la presión es más baja. Los vientos de todo el mundo los producen las diferencias de temperatura y presión, y siempre soplan de zonas de alta presión a las de presión más baja. Algunos vientos soplan de forma regular, sólo en una zona y reciben un nombre especial, como el frío Mistral, viento del sur de Francia. Otros vientos barren toda la Tierra.

Hace miles de años, los chinos volaban cometas para asustar a sus enemigos o para medir la fuerza del viento. Hoy en día solemos volar las cometas para divertirnos.

Derecha : la escala Beaufort se utiliza para describir la fuerza del viento. Tiene 12 números, que van de tranquilidad a tormenta turbulenta o huracán.

## Los vientos

Los dos factores más importantes del viento son la fuerza o velocidad y la dirección en que sopla. Utilizamos la veleta o una manga de aire (tubo de tela por el que pasa el viento) para ver la dirección del viento. La fuerza del viento se mide con la escala Beaufort, con mangas de aire o con unos aparatos especiales llamados anemómetros. Estas máquinas tienen varios cuencos pequeños que giran cuando hace viento. La velocidad a la que giran se mide con una escala.

La «Torre de los vientos» se construyó en Atenas, Grecia, hace 2000 años. Tiene ocho dioses o espíritus vestidos de acuerdo con los diferentes vientos.

Estandartes de colores vivos utilizados en fiestas en Japón. Estos estandartes de forma tubular ondean en el viento como mangas de aire.

### *Hazlo tú mismo*

*Hazte tu propia veleta para saber la dirección del viento.*

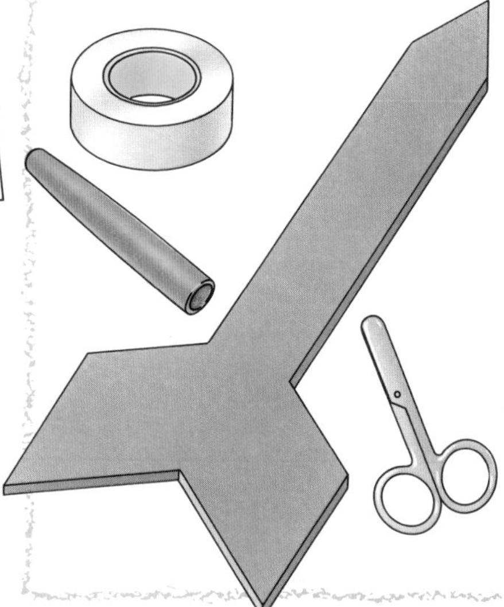

**1.** Corta una flecha de un cartón grueso y pégala por el medio al tapón de un bolígrafo.

**2.** Pon una aguja de punto o un palo de madera en una base sólida, como un ladrillo, de forma que no se mueva. Ponle el tapón del bolígrafo con la flecha encima.

**3.** Coloca la veleta en el exterior, donde se moverá con el viento. Recuerda que la flecha va a señalar la dirección de donde viene el viento. Pídele a un adulto que te ayude a comprobar la dirección del viento con una brújula.

## *Dirección del viento*

Como la Tierra gira sobre su eje, los vientos del globo en vez de soplar en línea recta de Norte a Sur, lo hacen en líneas curvas.

Los barcos de carga más rápidos se denominaban cliper. Los clíperes dependían de los vientos fuertes del globo, llamados vientos de travesía, para desplazarse de China a Inglaterra. Los barcos solían hacer carreras, para romper nuevos récords de velocidad y ser los primeros en descargar sus mercancías.

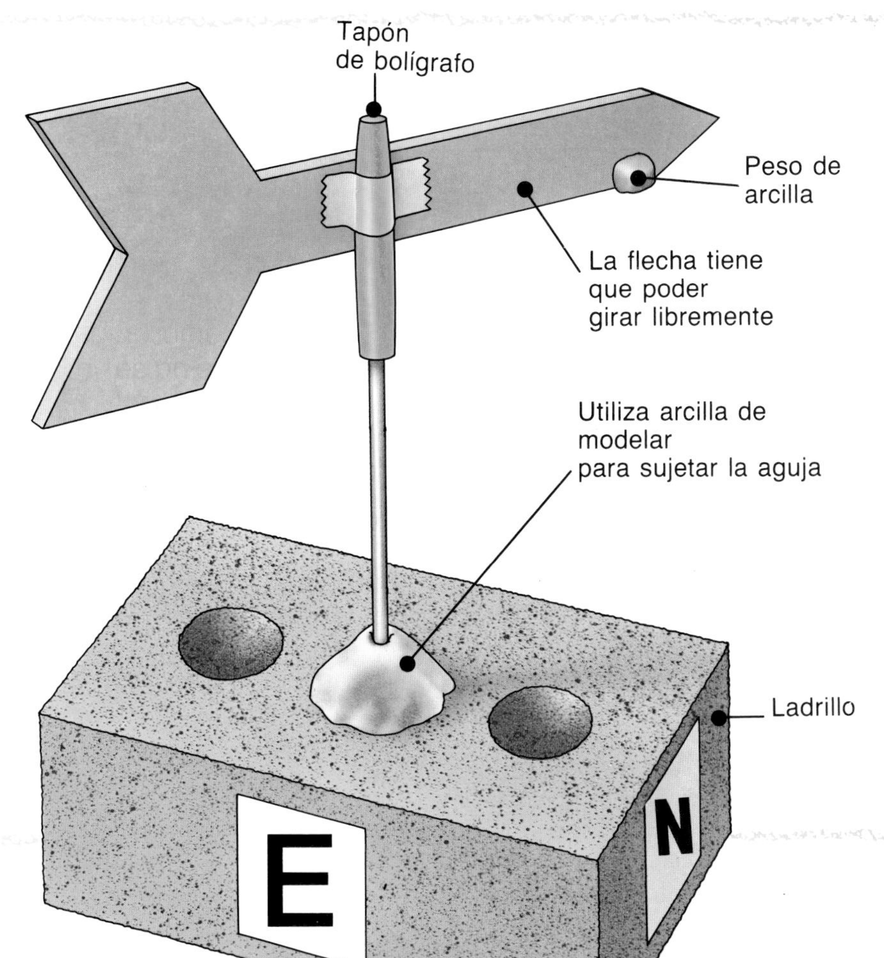


Abajo : haz una rosa de los vientos para registrar la dirección del viento. Colorea una raya cuando el viento sople de esa dirección. ¿Hay en tu región un viento dominante?

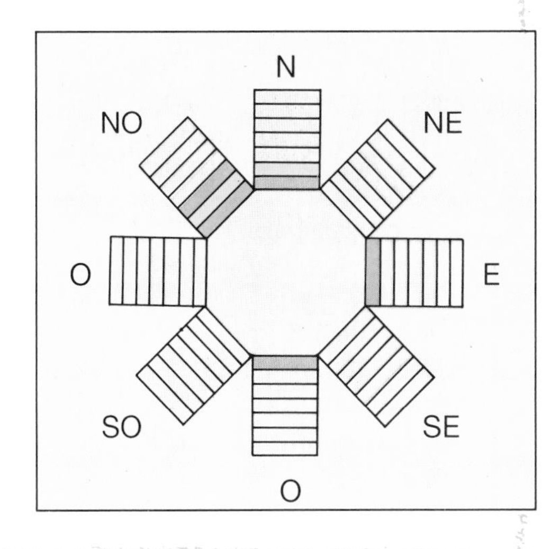

# Las nubes

Las nubes se forman cuando el aire caliente sube o cuando se junta el aire caliente con el frío. Las nubes están formadas por millones de gotitas minúsculas de agua o hielo. Todo el aire contiene agua. Cerca del cielo se encuentra generalmente bajo la forma de un gas invisible denominado vapor de agua. Pero cuando sube el aire, se enfría. El aire frío no puede contener tanto vapor de agua como el caliente, de forma que parte del vapor se convierte en gotas de agua líquida. Este líquido se une para formar nubes. El proceso de conversión de gas a líquido se denomina condensación.

**Observa**

El vapor se forma de la misma manera que las nubes : el aire húmedo y caliente sube y se condensa, cuando llega al aire más frío.

***Baja presión***

En una zona de presión baja, el aire caliente sube y se enfría. La humedad del aire se condensa y se forman nubes que traen lluvia.

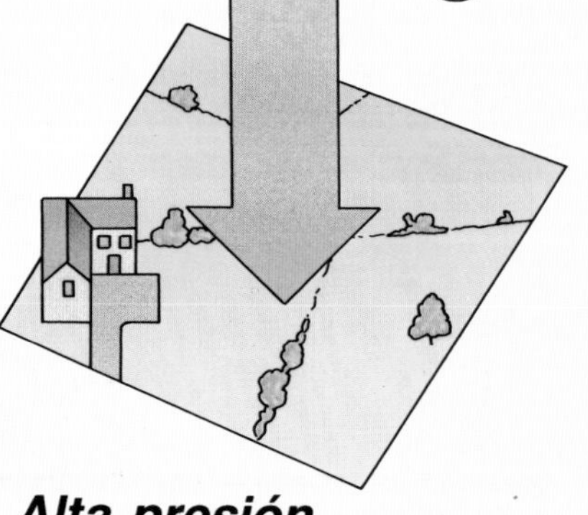

***Alta presión***

En una zona de presión alta, el aire frío baja, volviéndose más cálido y seco al irse acercando al suelo. Esto produce un tiempo bueno y tranquilo.

Existen principalmente tres grupos de nubes : las más altas, denominadas cirros, suelen ser cristales de hielo, porque el aire es muy frío; los cúmulos (montoncitos), son grupos de nubes blancas, rellenitas. A veces se juntan para formar inmensas nubes de tormenta denominadas cumulonimbos; las nubes planas se llaman estratos, que quiere decir «capas». La niebla es un estrato muy bajo.

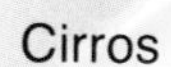



### *Observar las nubes*

Fíjate en la forma, tamaño y altitud de las nubes para predecir el tiempo que va a hacer.

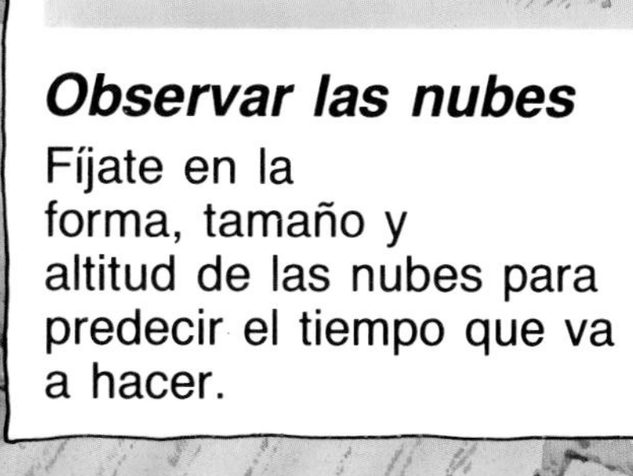

Los cúmulos suelen significar buen tiempo, mientras que los cirros nos dicen que el tiempo va a cambiar.

# La lluvia

Las gotas de lluvia se forman dentro de las nubes, al chocar los millones de gotitas minúsculas unas contra otras, juntándose y formando gotas más grandes y pesadas. Con el paso del tiempo, las gotas llegan a pesar tanto que ya no pueden flotar en el aire y entonces se caen de las nubes en forma de lluvia.

Cada gota de agua está formada de aproximadamente un millón de gotitas de la nube. La lluvia que cae de las nubes acaba volviendo al aire como vapor de agua. Así se forma la parte de un ciclo inacabable que llamamos ciclo del agua.

### ¡Llueven ranas!

Las nubes de lluvia a veces traen más cosas que agua – los vientos fuertes pueden barrer peces y ranas.

### *Cómo se forman las gotas de lluvia*

Las gotas de lluvia se forman dentro de las nubes cuando las gotitas de agua se unen o cuando los cristales de hielo se calientan y derriten formando gotitas.

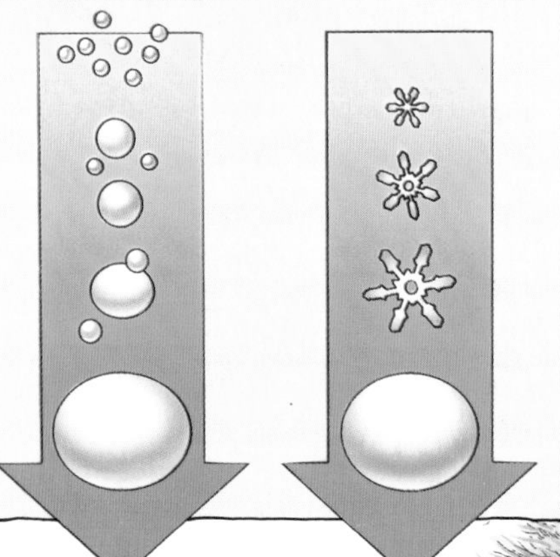

El arco iris se forma cuando el sol brilla a través de las gotas de lluvia; las gotas se dividen en los siete colores de que está formada la luz del sol.

## *Hazlo tú mismo*

*Intenta hacer un detector de lluvia que active una alarma cuando empiece a llover. Necesitarás una botella o tubo de plástico, cinta adhesiva, pegamento, terrones de azúcar y canicas.*

**1.** Apoya una bandeja o una tabla encima de un ladrillo, para que quede inclinada.

**2.** Pega una fila de terrones de azúcar cerca de la parte superior de la tabla.

**3.** Mete las canicas en el tubo, sella el final con cinta adhesiva y apóyalo en los terrones de azúcar.

**4.** Cuando llueva, se disolverán los terrones de azúcar con el agua y el tubo rodará haciendo ruido por la tabla.

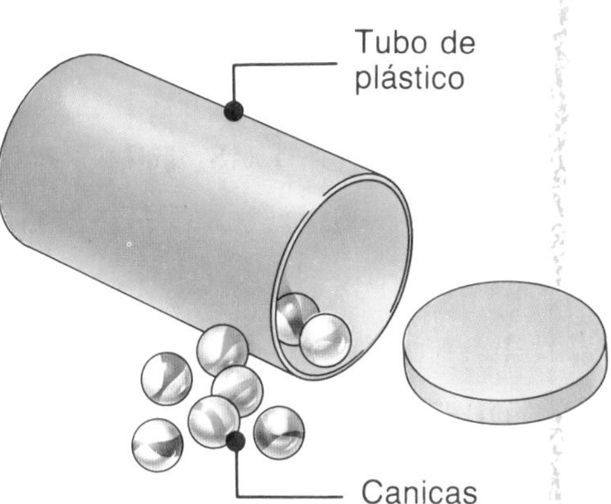


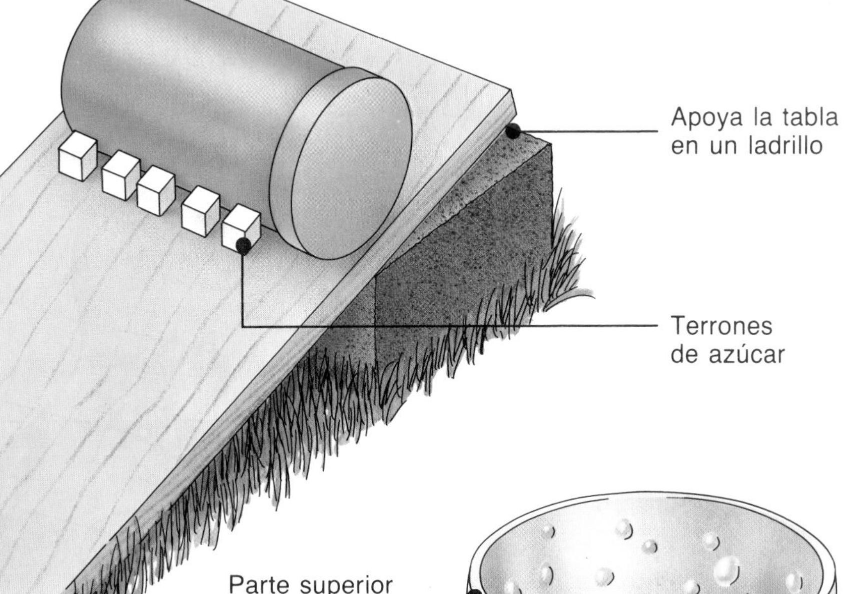


## *Recoger agua de lluvia*

*Construye un pluviómetro sencillo para registrar la cantidad de agua de lluvia.*

**1.** Corta una botella de plástico por la mitad y dale la vuelta a la parte de arriba para hacer un embudo.

**2.** Pinta una escala y pégala por fuera de la botella.

**3.** Haz un registro diario de cuanta agua de lluvia recoge durante varias semanas, incluso meses, y haz una tabla con tus resultados.

Parte superior de una botella de plástico

# Hielo y nieve

Si el aire de la nube está por debajo del punto de congelación (0°C), parte del vapor de agua se congela en cristales, en vez de formar gotas. Estos cristales se pegan para hacer los copos de nieve. La forma del copo de nieve depende de la temperatura y de la cantidad de agua que tenga la nube. Los copos con forma de aguja se forman en aire húmedo muy frío, mientras que los de estrella se forman en aire más caliente.

Cuando los copos de nieve son lo suficientemente pesados, se caen de la nube como nieve. A veces se funden antes de llegar al suelo.

Los copos de nieve tienen seis puntas, pero cada uno tiene una forma diferente.

La nieve actúa como el edredón de la cama, dejando pequeñas bolsas de aire que se mantienen calientes. Los animales pequeños se mueven por túneles debajo de la nieve.

Detrás de los muros y las vallas puede acumularse nieve, formando montones que pueden enterrar coches.

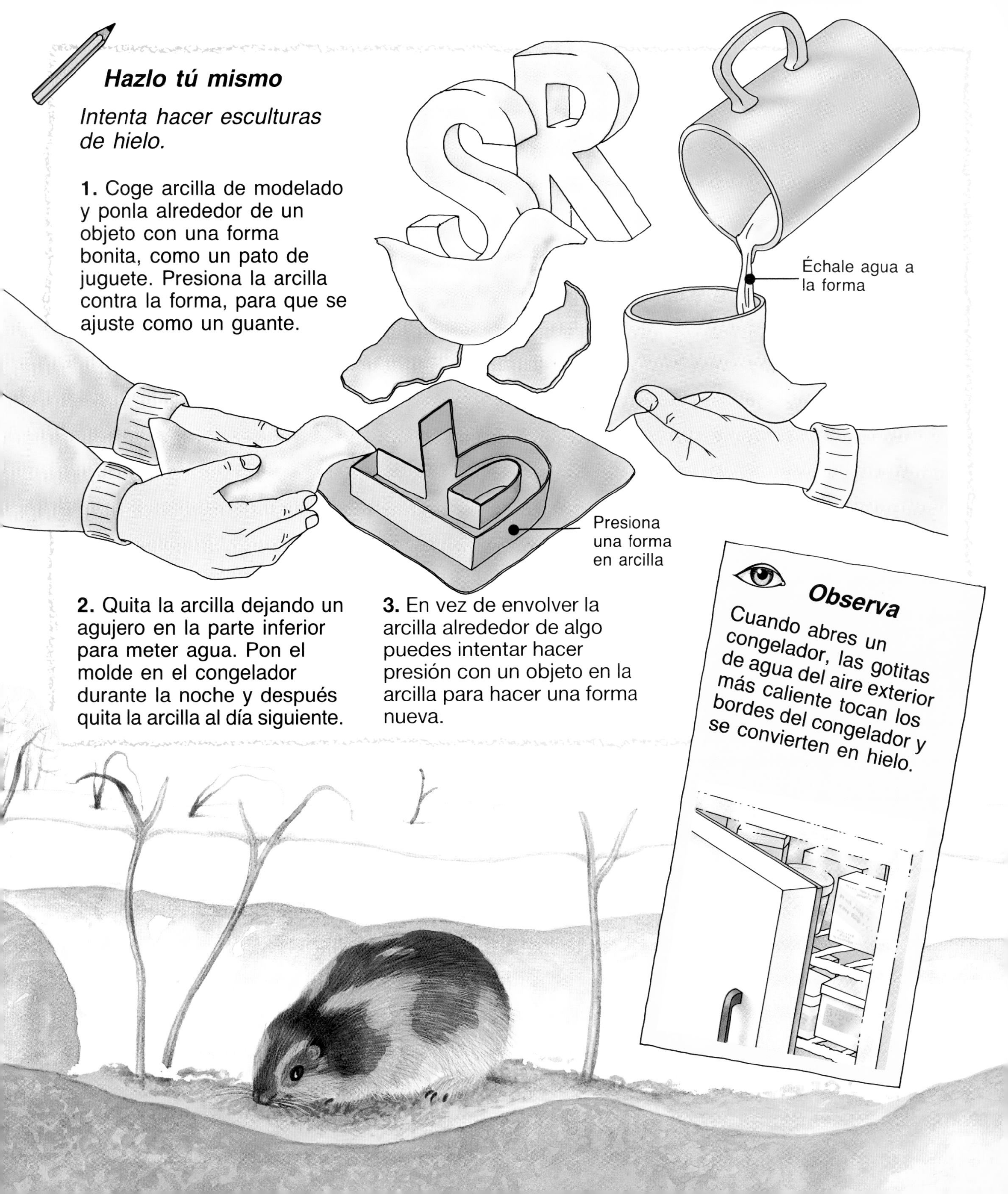


## ***Hazlo tú mismo***

*Intenta hacer esculturas de hielo.*

**1.** Coge arcilla de modelado y ponla alrededor de un objeto con una forma bonita, como un pato de juguete. Presiona la arcilla contra la forma, para que se ajuste como un guante.

**2.** Quita la arcilla dejando un agujero en la parte inferior para meter agua. Pon el molde en el congelador durante la noche y después quita la arcilla al día siguiente.

**3.** En vez de envolver la arcilla alrededor de algo puedes intentar hacer presión con un objeto en la arcilla para hacer una forma nueva.

### ***Observa***

Cuando abres un congelador, las gotitas de agua del aire exterior más caliente tocan los bordes del congelador y se convierten en hielo.

# Tiempo revuelto

El tiempo revuelto tormentoso puede ser muy peligroso y causar muchos daños, incluso herir o matar a gente. Según vamos descubriendo más sobre el tiempo, va siendo más fácil predecir las tormentas violentas y evitar desastres.

Los huracanes y los tornados se forman en aires cálidos y húmedos cuando los vientos chocan unos contra otros desde direcciones opuestas. Los huracanes surgen en los océanos, mientras que los tornados se forman en la tierra. Los huracanes se denominan a veces tifones o ciclones tropicales.

**Observa**

Si frotas un globo contra tu pantalón, se pegará a la pared, porque se carga de electricidad estática, como el relámpago.

### *¿A qué distancia está la tormenta?*

Las tormentas se producen cuando el aire húmedo caliente sube rápidamente, formando cumulonimbos altos y oscuros. En las nubes se forman cargas eléctricas que llegan hasta el suelo como relámpagos. La luz calienta el aire, haciéndolo explotar con el ruido del trueno. Puedes descubrir a qué distancia está la tormenta contando los segundos entre el relámpago y el trueno y dividiéndolos entre tres. Es decir, que si cuentas seis segundos, la tormenta está a dos kilómetros.

Derecha : en esta fotografía de satélite puedes ver unas nubes circulares que giran en un huracán y que traen lluvias torrenciales. En la mitad de la tormenta hay un círculo donde el aire está tranquilo. Se suele llamar el «ojo» del huracán.

## *Algunos datos*

- Los tornados o ciclones son túneles de aire que gira; se forman entre la parte inferior de una nube de tormenta y el suelo.
- Los tornados duran de 15 minutos a 5 horas.
- Algunos tornados pueden levantar objetos muy pesados, como camiones.
- En los Estados Unidos se producen 700 tornados al año.
- El término «tornado» viene de «tronada», tormenta de truenos.

# Cambios de tiempo

Nuestro clima ha cambiado muchas veces desde que se formó la Tierra, hace millones de años. Sin embargo, la contaminación provocada por el hombre está cambiando el clima mucho más deprisa de lo que cambiaría de forma natural. Uno de estos cambios se denomina efecto invernadero. Se trata de un calentamiento del clima de la Tierra, debido a unos gases que actúan como los cristales de un invernadero, reteniendo el calor dentro de la atmósfera. Entre los gases invernadero está el dióxido de carbono, que se produce al quemar combustibles como el carbón, el aceite y el gas.

Algunos científicos creen que los dinosaurios murieron cuando el clima de la Tierra se fue enfriando, hasta que hizo demasiado frío para los dinosaurios.

Calor atrapado en la atmósfera

Parte del calor sale de la atmósfera

Sol

Atmósfera

Calor que entra en la atmósfera

Agujero de ozono

### Agujeros de ozono

El ozono es un tipo de gas. Forma una capa de la atmósfera, protegiendo la Tierra de los rayos ultravioleta del Sol. Estos rayos nos broncean, pero demasiados pueden producir lesiones en la piel.

Encima del los Polos Norte y Sur, la capa de ozono se ha hecho más fina, dañada por un producto químico denominado clorofluorocarbono, que se encuentra en los plásticos y en los sistemas de refrigeración de las neveras.

## *Hazlo tú mismo*

*Comprueba el efecto invernadero para ver cómo funciona.*

Coloca dos termómetros en el Sol, pero cubre uno con un bote de cristal. Déjalos durante una hora y después mira la temperatura de los dos para ver cuál es más alta.

Haz un cuaderno sobre la contaminación con recortes de periódicos y de revistas. Busca artículos sobre el efecto invernadero, el agujero de ozono y la lluvia ácida. ¿Cuáles son las últimas teorías y avances?

## *Qué puedes hacer tú*

- Las centrales de energía queman carbón y aceite para producir electricidad y emiten gases perjudiciales al quemarse. Así que intenta utilizar menos electricidad, apagando las luces cuando no las estés utilizando.
- Utiliza productos en los que ponga «no destruyen la capa de ozono».
- Ayuda a plantar árboles, ya que los árboles utilizan dióxido de carbono, el gas principal del efecto invernadero.
- Para trayectos cortos, utiliza la bicicleta, o camina, en vez de ir en coche.

Izquierda : la lluvia ácida puede dañar bosques enteros. Está originada por gases de fábricas y de coches, mezclados con vapor de agua en el aire.

# Previsión meteorológica

Hace mucho tiempo, la gente utilizaba «refranes» para recordar los signos que indicaban un cambio de tiempo. Por ejemplo, «Luna cercada, tierra mojada», significa que cuando la luna tiene cerco, va a llover. No siempre funcionaban estos «refranes». Pero hoy en día tenemos previsiones científicas, basadas en información detallada, recogida en todo el mundo. Con estos datos, los previsores preparan mapas meteorológicos especiales, para hacer predicciones más precisas sobre los cambios de tiempo.

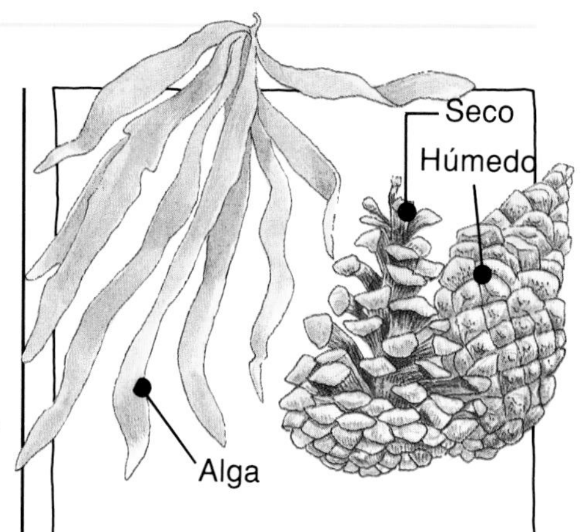


**_Signos naturales_**

Si va a llover, las algas colgadas fuera estarán húmedas y las piñas cerradas.

**_Estaciones meteorológicas_**

En todo el mundo, las estaciones en tierra y en el mar registran continuamente las condiciones meteorológicas. Esta fotografía muestra una estación meteorológica en Colorado, Estados Unidos. Los globos como el de la foto se utilizan para medir la velocidad del aire. Algunos globos se lanzan muy alto en la atmósfera, para registrar la presión del aire y la temperatura. Para que todos los países puedan producir sus propios informes del tiempo, se distribuye la información de miles de estaciones meteorológicas.

## *Hazlo tú mismo*

*Monta tu propia estación meteorológica.*

Utilizando los instrumentos que ya has confeccionado para medir el tiempo, empieza a registrar las nubes, la lluvia, la temperatura del aire y su presión en tu zona. Puedes hacer símbolos para los diferentes tipos de tiempo, como los que mostramos a la derecha.

¿Son tus previsiones las mismas que las que propone la televisión o la radio?

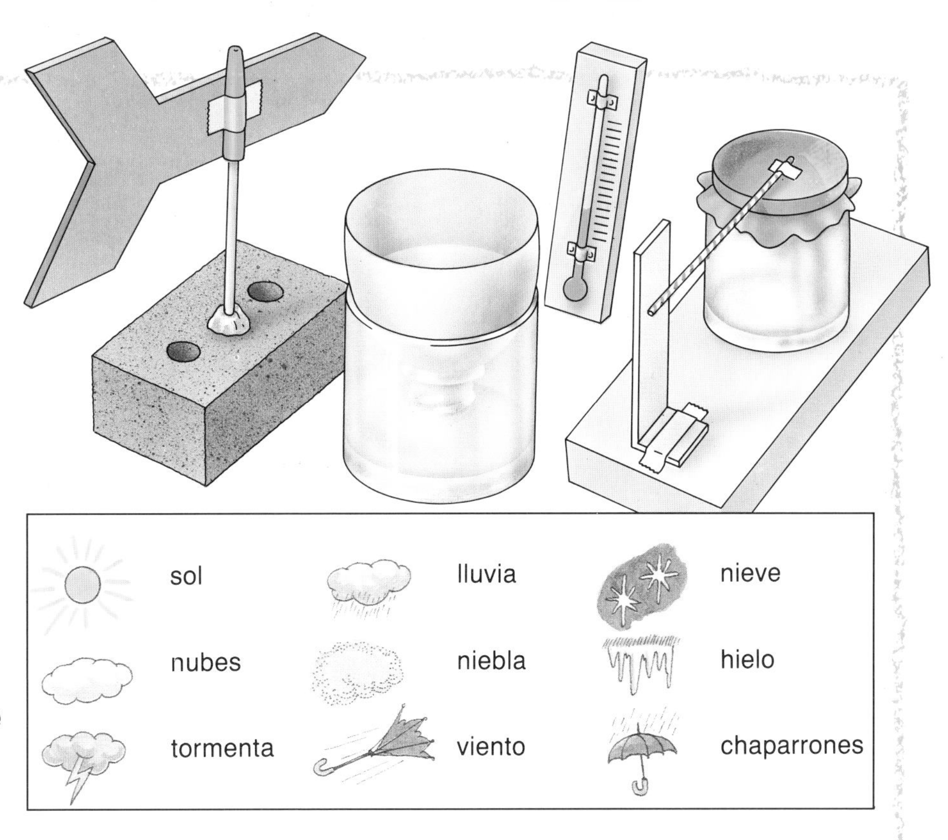

# Índice

# RÍOS Y OCÉANOS

# Sobre este capítulo

Este capítulo trata sobre los ríos, lagos y océanos y cómo dan forma a la Tierra. También te da muchas ideas para buscar fenómenos y realizar proyectos. Podrás encontrar casi todo lo que necesitas para hacerlo en tu propia casa. Puedes necesitar comprar algunos artículos, pero todos ellos son baratos y fáciles de encontrar. Cuando estudies un río fuera de casa, ten cuidado. Nunca vayas solo cerca de los ríos, lagos, etc. Vete siempre acompañado por un adulto.

## Trucos para las actividades

- Antes de empezar, lee las instrucciones con atención y prepara todo lo necesario.
- Ponte ropa vieja o una bata o mono.
- Cuando hayas terminado, recoge todo, especialmente los objetos afilados como cuchillos y tijeras, y lávate las manos.
- Vas a empezar un cuaderno especial. Anota en él lo que haces y los resultados obtenidos en cada proyecto.

# Contenido

# El agua en nuestro mundo

Casi las tres cuartas partes de la superficie terrestre están cubiertas de agua, lo que hace que el planeta parezca azul desde el espacio. El agua es esencial para la vida en la Tierra. Sin ella, animales y plantas morirían. En los océanos y mares se encuentra la mayor parte del agua del mundo. Contienen agua salada. El agua que no es salada - agua dulce - viene de la lluvia que llena nuestros estanques, arroyos, lagos y ríos. El agua también queda retenida en glaciares o ríos de hielo, y en bloques gigantescos de hielo llamados icebergs.

¿Cuánta agua usas cada día? En Europa y América del Norte, cada persona emplea aproximadamente dos bañeras llenas. En Asia la gente usa mucho menos.

***Observa***

¿Vives cerca de un arroyo o un río, o incluso al lado del mar?.
¿Por qué no empiezas un álbum sobre este tema? Pega en él las fotografías y dibujos para mostrar su curso y cómo la gente usa el agua.

Muchos ríos nacen en colinas y montañas como pequeños rápidos. Como el agua empuja ladera abajo, corta profundos valles en la tierra.

En la mitad de un río el agua fluye más despacio por el valle ancho y llano. El río se curva de lado a lado en rizos llamados meandros.

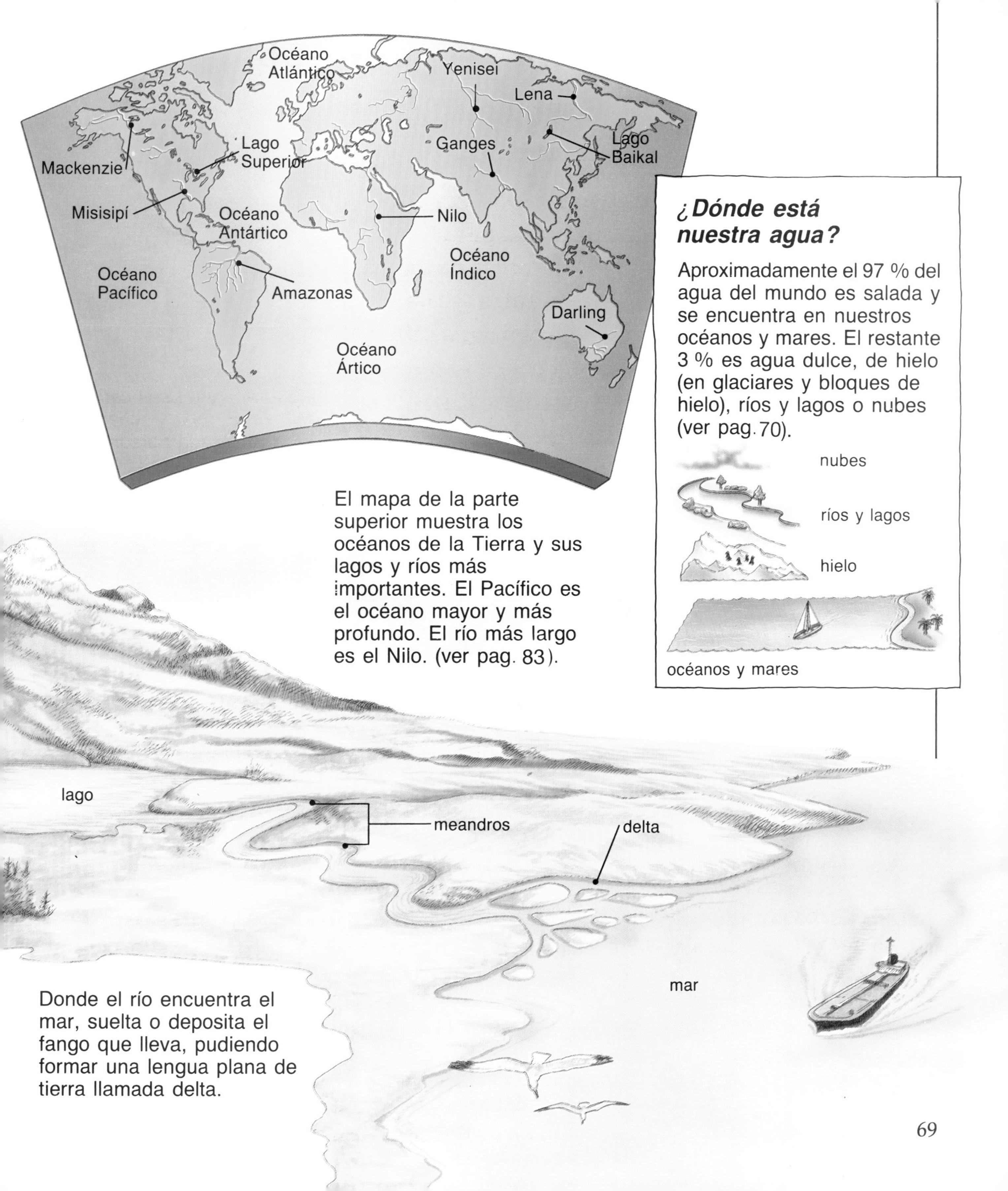


El mapa de la parte superior muestra los océanos de la Tierra y sus lagos y ríos más importantes. El Pacífico es el océano mayor y más profundo. El río más largo es el Nilo. (ver pag. 83).

## *¿Dónde está nuestra agua?*

Aproximadamente el 97 % del agua del mundo es salada y se encuentra en nuestros océanos y mares. El restante 3 % es agua dulce, de hielo (en glaciares y bloques de hielo), ríos y lagos o nubes (ver pag. 70).

Donde el río encuentra el mar, suelta o deposita el fango que lleva, pudiendo formar una lengua plana de tierra llamada delta.

# El ciclo del agua

¿Sabías que el volumen total del agua en la Tierra es igual al que había hace 400 años? Esto se debe a que el agua cae del cielo, luego se eleva de nuevo en un viaje interminable llamado el ciclo del agua. El sol caliente el agua líquida en ríos, lagos y océanos, y convierte parte de ella en un gas invisible llamado vapor de agua. El vapor de agua se evapora o desaparece en el aire. Si el aire se calienta y luego se enfría, el vapor de agua se condensa, o retorna, en diminutas gotas de agua.

Intenta marcar el borde de un charco con tiza, cuerda o una fila de piedrecitas para ver cuánto tiempo tarda el agua en evaporarse. ¿Se secan los charcos más rápido cuando brilla el sol o a la sombra?

### *Todo sobre el agua*

El agua cae de las nubes, como lluvia o nieve (1) y la recogen los ríos, lagos, mares y océanos (2). El calor del Sol convierte parte del agua en vapor en el aire (3). El aire eleva y enfría parte del vapor de agua, formando nubes (4).

## *Hazlo tú mismo*

*Las plantas absorben agua a través de sus raíces y expulsan el agua a través de sus hojas. Si cultivas plantas en una botella de cristal, las plantas podrán servirse de esa misma agua una y otra vez, como un verdadero ciclo de agua.*

**1.** Coloca una botella de plástico ancha tumbada y con una cuchara introduce una capa de tierra y otra capa de abono o preparada para plantas en la parte superior.

**2.** Utiliza palos estrechos para empujar las plantas pequeñas, como hiedra, helechos y musgos, en la tierra. Aprieta la tierra que está alrededor de las plantas con un algodón atado a un palo.

**3.** Coloca el tapón de la botella y déjala en un lugar a la sombra.

**4.** Contempla cómo el agua que sale de las plantas se condensa en los lugares tibios de la botella y desciende hasta la tierra. Las plantas pueden usar el agua una y otra vez.

Cuchara colocada al final de un pequeño palo.

gotas de agua.

### Más cosas para intentar

Pide a un adulto que te sujete una cuchara en la salida de vapor de una cafetera hirviendo. Mira cómo se condensa el agua en la cuchara fría formando gotitas, igual que las gotas de lluvia que caen de las nubes.

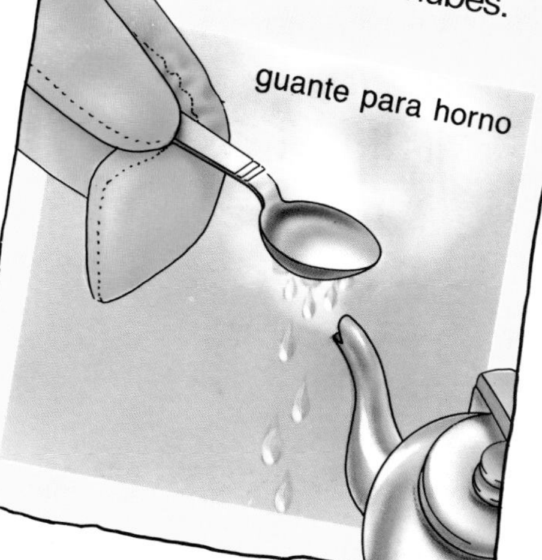

# El agua bajo la Tierra

Parte del agua de la lluvia empapa el suelo goteando lentamente a través de diminutos espacios de aire de la tierra vegetal o a través de grietas en las rocas. Algunas veces, el agua llega a una capa de roca - llamada roca impermeable - que no le deja pasar a través de ella. La roca que se encuentra justo encima de esta capa impermeable, queda empapada con el agua, formando bolsas o reservas de agua llamadas acuíferos. Al nivel de agua más elevado de un acuífero se le llama la masa de agua.

***Observa***
Una esponja absorbe el agua fácilmente, porque está llena de agujeros. Del mismo modo la tierra vegetal y algunas rocas contienen espacios de aire que se llenan de agua con facilidad.

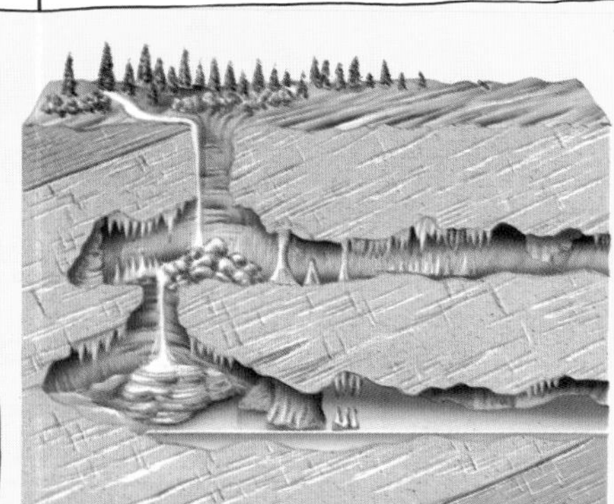

El agua sale fácilmente de las rocas suaves como la piedra caliza, formando túneles y cuevas.
Como goteras a través de los techos de las cuevas, se evapora dejando atrás pilares rocosos llamados estalactitas y estalagmitas.

## Oasis

En un desierto es muy raro que llueva. Sin embargo, la mayoría de los oasis se encuentran en lugares donde las rocas empapadas en agua están cerca de la superficie de la Tierra. El agua puede haber penetrado en las montañas en kilómetros secándose a través de las rocas bajo el desierto.

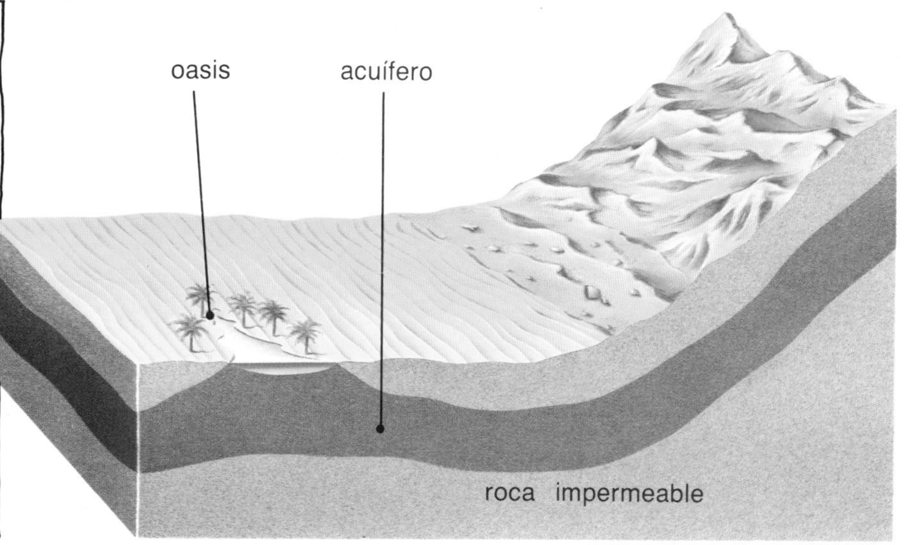


## Hazlo tú mismo

*Intenta hacer tus propias estalactitas y estalagmitas. Necesitas dos recipientes, un plato, lana, sosa para blanquear y agua.*

**1.** Llena los recipientes con agua caliente y remueve mucho la sosa, asegurándote de que toda la sosa se disuelva o desaparezca en el agua.

**2.** Coloca los recipientes en un sitio seguro y templado con el plato entre ellos.

**3.** Coloca un trozo de lana de un recipiente a otro, de modo que en cada extremo pueda gotear el agua.

**4.** Como el agua se evapora lentamente, quedarán restos de sosa que gotearán hasta formar una estrecha columna.

# Ríos de hielo

En lugares donde hay nieve todo el año, el agua puede estar helada dentro de sábanas de hielo gigantescas o ríos de hielo llamados glaciares. Los glaciares pueden tener una longitud de 400 kilómetros y a menudo 300 metros de espesor. Se forman cuando montones de nieve son aplastados juntos para formar hielo - del mismo modo que una bola de nieve se endurece cuando apretamos la nieve. El hielo de glaciar llega a ser tan áspero y pesado que resbala lentamente montaña abajo.

Al fondo de un glaciar se le llama morrena. Aquí hace más calor, por eso el hielo se derrite para formar corrientes de agua helada llamada agua de deshielo.

Los glaciares comienzan en lo más alto de las montañas o cerca de los Polos Norte y Sur, donde hace mucho frío. La nieve se amontona en capas y es aplastada hasta convertirse en hielo.

Como el glaciar se mueve despacio montaña abajo, se desgasta y araña la tierra a su paso, sacando rocas y cantos rodados y formando un valle ancho y profundo.

El hielo en la superficie de un glaciar es frágil, como un caramelo. Cuando el glaciar se mueve, el hielo puede quebrarse formando dentados pináculos y grietas profundas llamadas hendiduras.

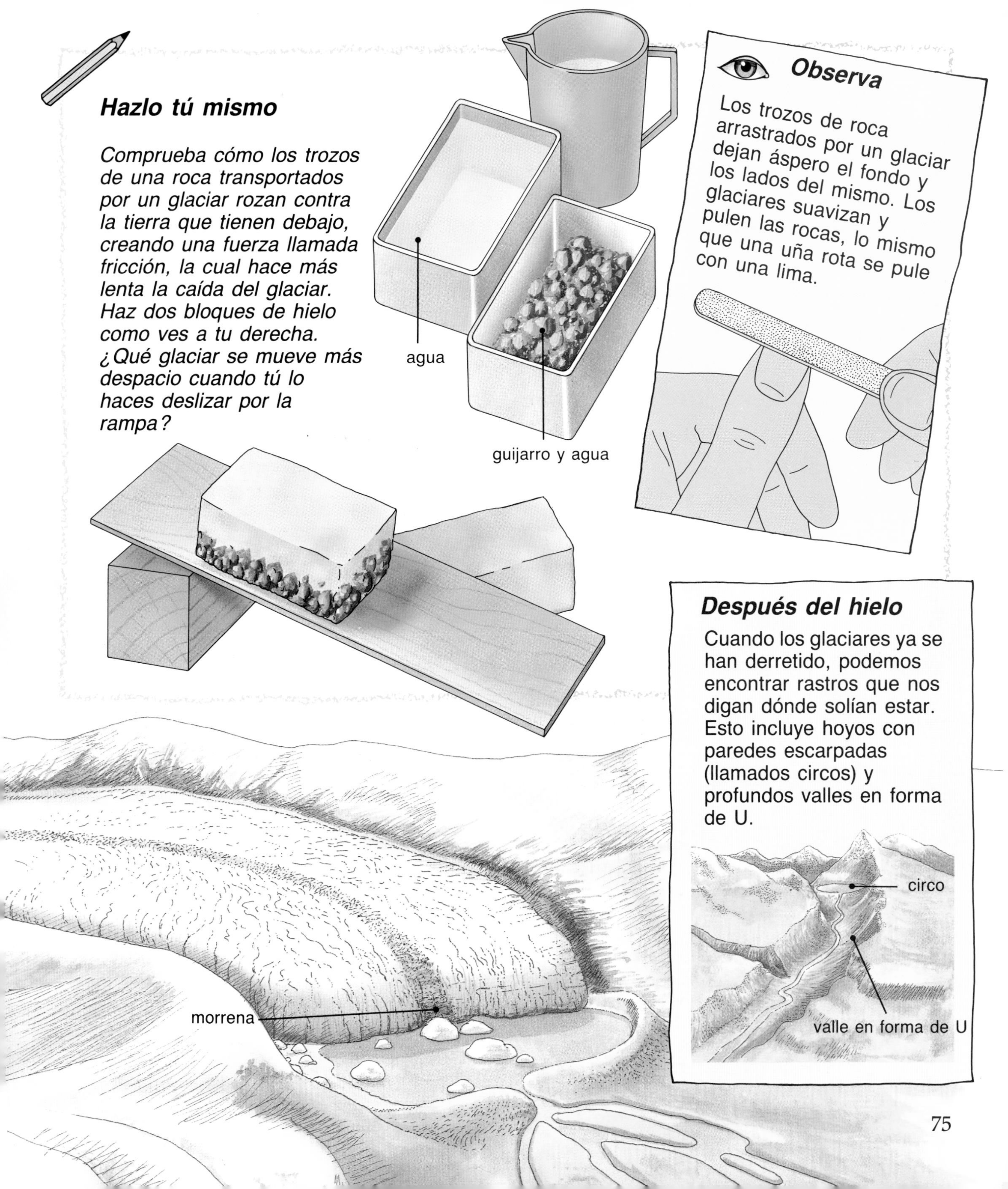


## *Hazlo tú mismo*

*Comprueba cómo los trozos de una roca transportados por un glaciar rozan contra la tierra que tienen debajo, creando una fuerza llamada fricción, la cual hace más lenta la caída del glaciar. Haz dos bloques de hielo como ves a tu derecha. ¿Qué glaciar se mueve más despacio cuando tú lo haces deslizar por la rampa?*

## *Observa*

Los trozos de roca arrastrados por un glaciar dejan áspero el fondo y los lados del mismo. Los glaciares suavizan y pulen las rocas, lo mismo que una uña rota se pule con una lima.

## *Después del hielo*

Cuando los glaciares ya se han derretido, podemos encontrar rastros que nos digan dónde solían estar. Esto incluye hoyos con paredes escarpadas (llamados circos) y profundos valles en forma de U.

# El origen de los ríos

El origen del nacimiento de la mayoría de los ríos es el agua de lluvia que se recoge en pequeños hoyos o barrancos y regatos sobre la superficie de la tierra. Este agua no empapa el terreno o las rocas porque al estar llenas de agua ya no la permitirán penetrar a través de ellas. Los regatos de agua se unen en un riachuelo y varios riachuelos fluyen juntos para formar un río. Otros ríos nacen como manantiales montañosos (mira el recuadro de la derecha) o fluyen de los lagos, pantanos o glaciares.

Muchos ríos surgen en depresiones naturales, las cuales se llenan con agua para formar estanques o lagos.

manantiales

masa de agua

## Agua de manantial

Se puede recoger agua de lluvia bajo la tierra, por encima de capas de roca impermeable. Donde estas capas de roca alcanzan la superficie, el agua brota desde arriba como un manantial.

## Origen del Nilo

El Nilo es el río más largo del mundo. Procede principalmente del Lago Victoria en Uganda, África. Fluye por el Norte a través de Sudán y Egipto hasta el Mar Mediterráneo. (Ver página 83 sobre el río Nilo).

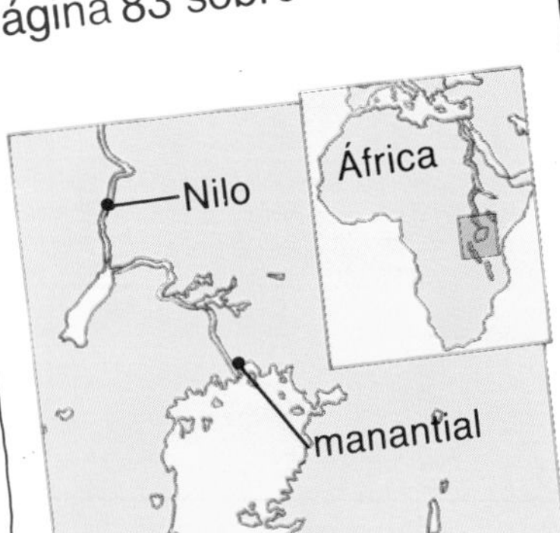

# Ríos trabajadores

Los ríos y riachuelos tienen el poder de cambiar la forma de la Tierra. Pero el agua por sí misma no es capaz de mover la Tierra. Son los cantos rodados, guijarros y granos de arena que el agua transporta, los que dan al río su fuerza cortante. A veces, sin embargo, los torbellinos pueden partir las rocas al introducir aire por las grietas. Algunas rocas también pueden deshacerse por las sustancias químicas que lleva el agua.

Hace millones de años el Río Colorado, en Arizona, Estados Unidos, ha excavado un gigantesco cañón llamado el Gran Cañón.

### *Hazlo tú mismo*

*Haz tu propio río y mira cómo el agua hace un sendero montaña abajo.*

**1.** Aparte, construye una montaña inclinada con arena húmeda, guijarros y fango.

**2.** Lentamente vierte un chorro de agua constante sobre la cima de la montaña.
Vigila cuidadosamente para ver cómo el agua encuentra el camino más rápido por la rampa y cuánta arena y grava lleva.

arena húmeda y grava

# Ríos impetuosos

Al principio de su curso, un río fluye rápidamente destrozando piedras y guijarros, lanzándolos a los lados del lecho del río. Después de una tormenta, un río tiene más agua, por eso es capaz de coger y transportar gigantescos cantos rodados. Con este material llamado fango, el río golpea la tierra cortándola, formando un valle en forma de U. Esta parte del curso de un río tiene a menudo cascadas y rápidos de agua que fluyen a gran velocidad.

### *Han nacido unas cataratas*

Diferentes clases de rocas se desgastan a distintas velocidades. Así, donde el agua fluye sobre grupos de roca suave y de roca dura, (1) la roca suave se desgasta antes, dejando un escalón de roca dura (2). En miles de años, más rocas suaves se desgastan y el peldaño llega a ser más pronunciado (3). El agua cae sobre el escalón como una catarata.
La fotografía de la página 79 nos muestra las espectaculares cataratas del río Iguazú, en los límites de Brasil y Argentina, en América del Sur.

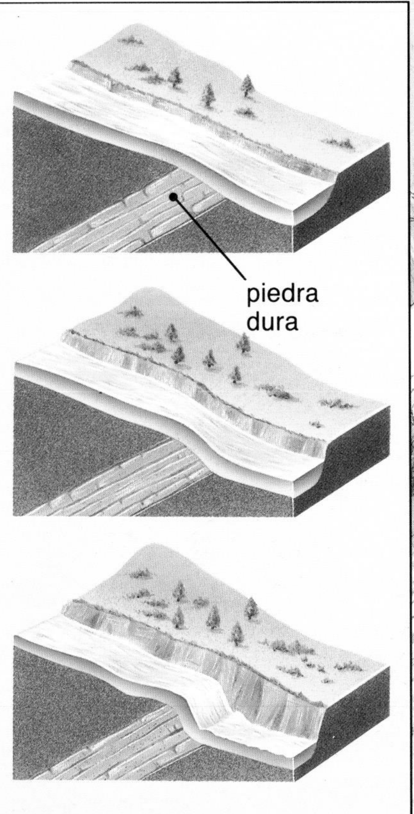

El dibujo que está debajo de estas líneas muestra las depresiones o agujeros que puedes ver a menudo en el lecho de un río seco. Estos agujeros están formados con cantos rodados que giran una y otra vez formando hoyos. El agua se arremolina más rápido cuando el hoyo se hace más profundo.

***Observa***

Pon grava en un recipiente transparente. Luego sostenlo bajo un fuerte chorro de agua para ver cómo el agua arremolina la grava.

# Ríos sinuosos

En los lugares donde la tierra es menos escarpada, el río fluye más lentamente. Entonces lleva más agua porque otros ríos y riachuelos - llamados afluentes - se le han unido y transporta gran cantidad de lodo. El movimiento más lento no tiene la suficiente fuerza para sacar todo el lodo, por eso, parte del material cae en el lecho del río y se asienta allí.

Este río serpenteante parece marrón y cenagoso por toda la arena y barro que lleva. Un río suelta más lodo a medida que se hace más lento.

Cuando un río fluye lentamente el agua viaja alrededor de pequeñas ondulaciones o montecillos, entrando de rondón sobre ellos. Esto hace que el río oscile o serpentee de un lado a otro.

dique

meandro

## *Hazlo tú mismo*

*Investiga la velocidad de la corriente de un río y observa cómo el agua fluye más rápidamente en la parte exterior de una curva.*

Empuja dos palos en la ribera de un río separados cien metros uno del otro. Deja caer una ramita en el agua al lado de uno de los palos y cronometra cuánto tiempo emplea en alcanzar el otro palo.
Observa cómo tus ramitas se deslizan en las curvas. ¿Dónde fluyen más rápidamente?

A la ancha y llana tierra del valle, se le llama llanura de aluvión. Durante una crecida, el río puede desbordarse por sus riberas dejando atrás grava, arena y fango, con lo que forma bancales de cierta altura llamados diques.

Después de las fuertes lluvias, cuando hay más agua en el río, éste puede recuperar su curso a través del «cuello» de un meandro. Atrás queda en forma de plátano un lago llamado collera de yugo.

### Inundaciones en China

El Huang He, en China, se ha desbordado más de 1500 veces. En 1887, la inundación fue tan devastadora que murieron más de un millón de personas.

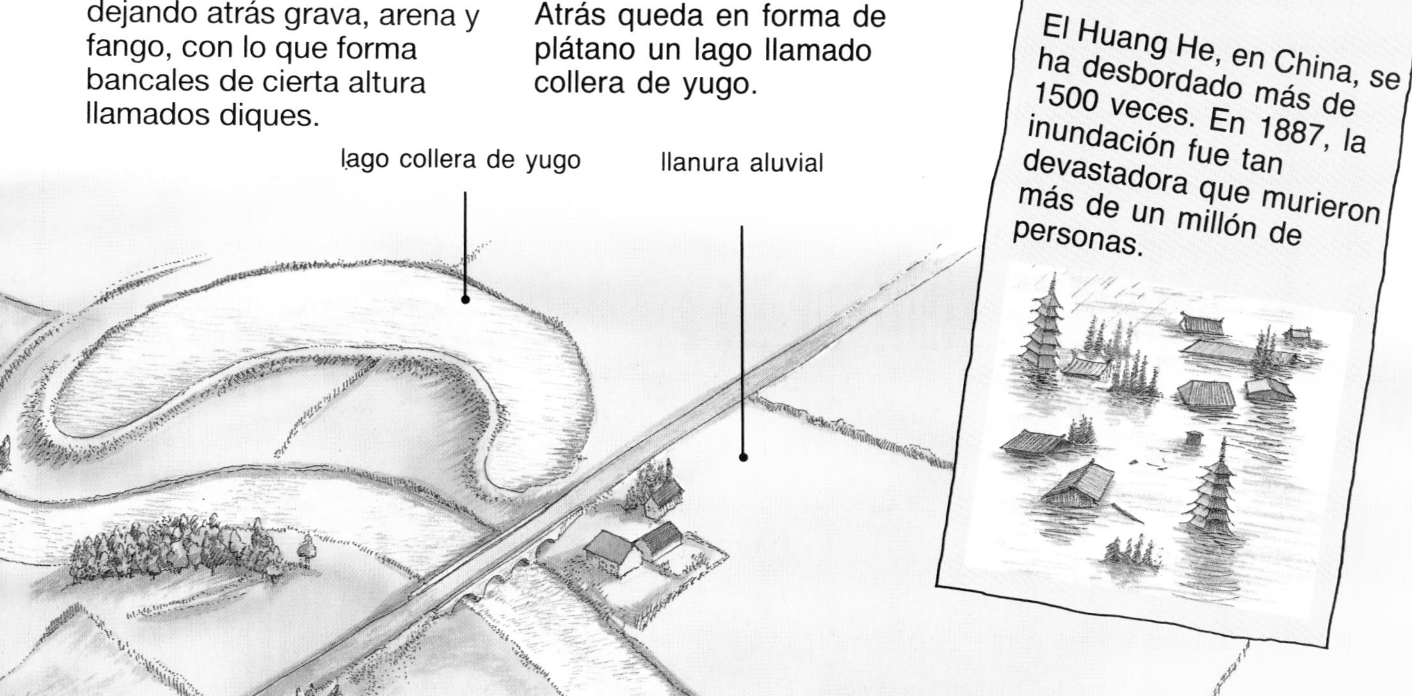

## Ríos sinuosos

Al lugar donde el río se junta con el mar se le llama la boca del río. Allí el río se hace más lento, depositando más y más fango. A menudo los deltas se forman en las bocas de los ríos cuando la carga que dejó caer el río da lugar a bancos de nueva tierra llana con forma de abanico. El río se separa en canales más pequeños, que fluyen en torno a la nueva tierra hacia el mar.

### *Observa*

Los deltas se llaman así porque la mayoría de ellos tiene forma triangular, como la letra griega «delta».

### *Hazlo tú mismo*

*Haz este experimento para ver cómo la carga de un río se hunde más rápidamente en agua salada que en agua dulce.*
*Pon la misma cantidad de tierra y agua en dos recipientes de plástico transparente, pero añade dos o tres cucharadas pequeñas de sal en uno de ellos. Observa cómo los granos de tierra en el agua salada se unen y se hunden hasta el fondo.*

La nueva tierra que se formó alrededor de un delta es casi llana. Por eso, cuando cae mucha lluvia en los deltas, los ríos se suelen salir de sus cauces e inundan la tierra. Cada año, mucha gente que vive en el delta del Ganges-Bramaputra, en Bangladesh, resulta herida, e incluso muerta, por las intensas inundaciones.

# El Nilo

El río más largo del mundo, el Nilo, está formado actualmente por dos ríos, el Nilo Blanco y el Nilo Azul. Cerca de su nacimiento, en el Lago Victoria, hay muchos rápidos y cataratas. Donde el río se junta con el mar, a 6.695 kilómetros, hay un vasto delta. En agosto y septiembre, el río se desborda a causa de las grandes lluvias que hay cerca de su nacimiento. Estas aguas se utilizaban para preparar una tierra rica que beneficiaba a los granjeros de Egipto; hoy en día están retenidas por la Presa de Asuán.

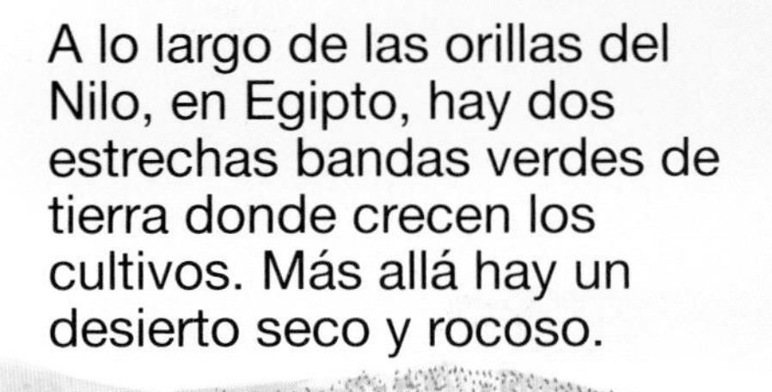

A lo largo de las orillas del Nilo, en Egipto, hay dos estrechas bandas verdes de tierra donde crecen los cultivos. Más allá hay un desierto seco y rocoso.

Los granjeros confían en que las aguas del Nilo mantengan sus cultivos. Usan máquinas como este aparato de Arquímedes para elevar el agua del río hasta sus campos.

***La Presa de Asuán***

La presa de Asuán fue construida para controlar las inundaciones, tener una constante provisión de agua y ayudar a generar electricidad.

# Lagos

Los lagos son grandes depresiones cubiertas con agua de lluvia, o agua de ríos o riachuelos. Pudieron formarse cuando los glaciares, ríos, el viento o profundos movimientos del interior de la Tierra, crearon depresiones o canales en la Tierra. Algunos lagos se formaron cuando el agua fue retenida por una barrera, como la de las rocas que dejaron los glaciales o la roca más dura que una vez brotó de los volcanes como lava líquida.

Aunque algunos lagos son enormes, no duran para siempre. Se evaporan eventualmente, se llenan con tierra y plantas o son drenados por los ríos.

Los castores pueden crear un lago construyendo un dique de palos y fango a través de un río. Ellos construyen su hogar, llamado caseta de guarda, en medio del nuevo lago, donde están a salvo.

Izquierda : los ríos que fluyen al Mar Muerto, en el Este de Europa, llevan tanta sal de las rocas altas de las montañas, que el agua del lago es ocho veces más salada que el agua del mar. Las personas son capaces de flotar con facilidad en un agua tan salada.

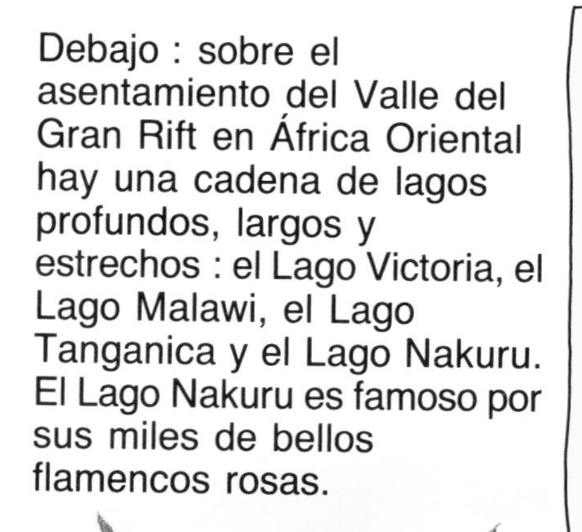

Debajo : sobre el asentamiento del Valle del Gran Rift en África Oriental hay una cadena de lagos profundos, largos y estrechos : el Lago Victoria, el Lago Malawi, el Lago Tanganica y el Lago Nakuru. El Lago Nakuru es famoso por sus miles de bellos flamencos rosas.

## *El monstruo del lago Ness*

Algunas personas creen que los parientes de un monstruo gigantesco viven en las profundas aguas de un lago escocés, el lago Ness. Pero nadie ha sido capaz de probarlo sacando fotografías del monstruo.

## *Los seis lagos más profundos*

El Lago Baikal, en el Norte de Asia, es el lago más profundo y antiguo del mundo. Contiene también el mayor caudal de agua.

Baikal (1.620 m)
Tanganica (1.435 m)
Mar Caspio (995 m)
Malawi/Nyassa (700 m)
Lago del Gran Oso (411 m)
Superior (406 m)

# Océanos y mares

La mayor parte del agua del mundo está contenida en sus cinco océanos Ártico, Atlántico, Índico, Pacífico y el del Sur (o Antártico). La mayor parte del Océano Ártico está helada. Durante el verano parte del hielo se derrite, soltando gigantescos bloques que van a la deriva llamados hielos viajeros o, trozos más pequeños, llamados icebergs.

Los mares del mundo son mucho más pequeños que los océanos. Lo más común es que los mares estén cerrados o rodeados por la tierra del planeta.

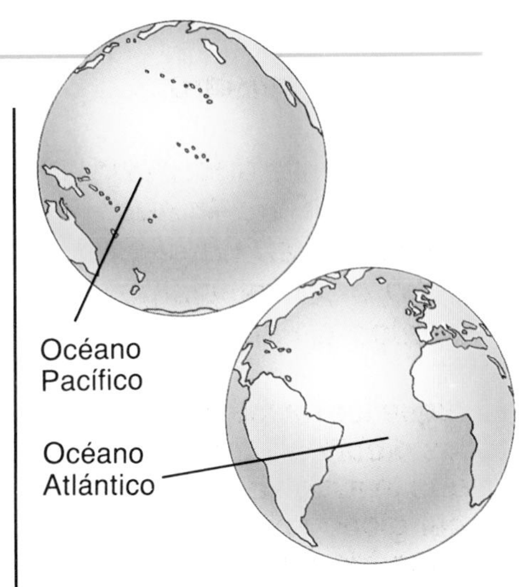


El Pacífico es el océano más grande del mundo, es mayor que todo el resto de la Tierra junta.

### Explorando las profundidades

En el fondo de los océanos la tierra no es plana. Tiene montañas altas, profundos valles y volcanes. Los científicos usan sumergibles para explorar las profundidades del océano.

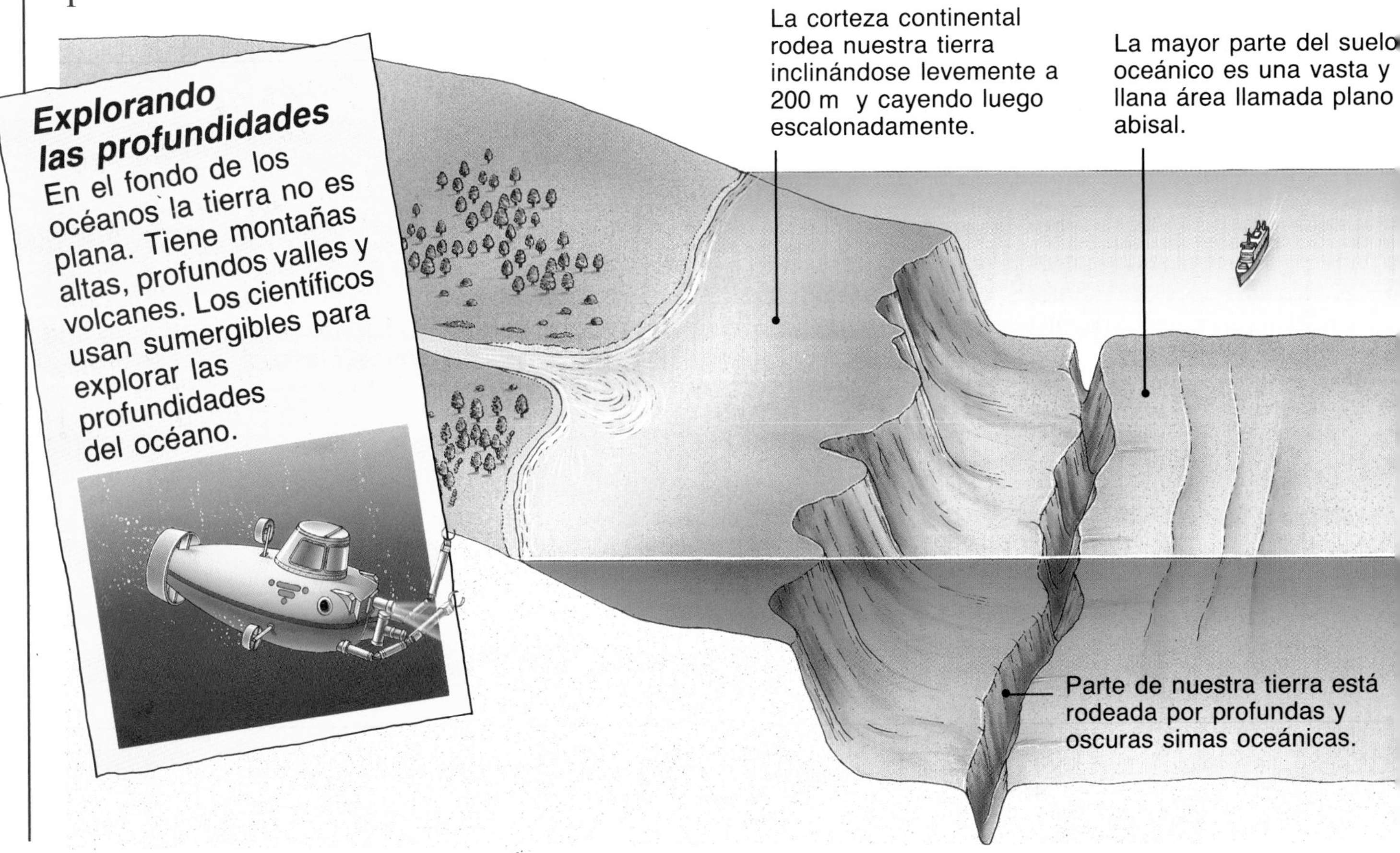

## *Hazlo tú mismo*

*Haz tu propio iceberg flotante. Todo lo que necesitas es un globo, un cubo o un recipiente, ¡y algo de agua!*

Sigue los pasos que muestran los dibujos. (Pide a un adulto que te ayude a estirar el cuello del globo sobre un grifo de agua fría y anuda el extremo cuando esté lleno de agua). Observa qué parte de tu iceberg flota bajo la superficie del agua.

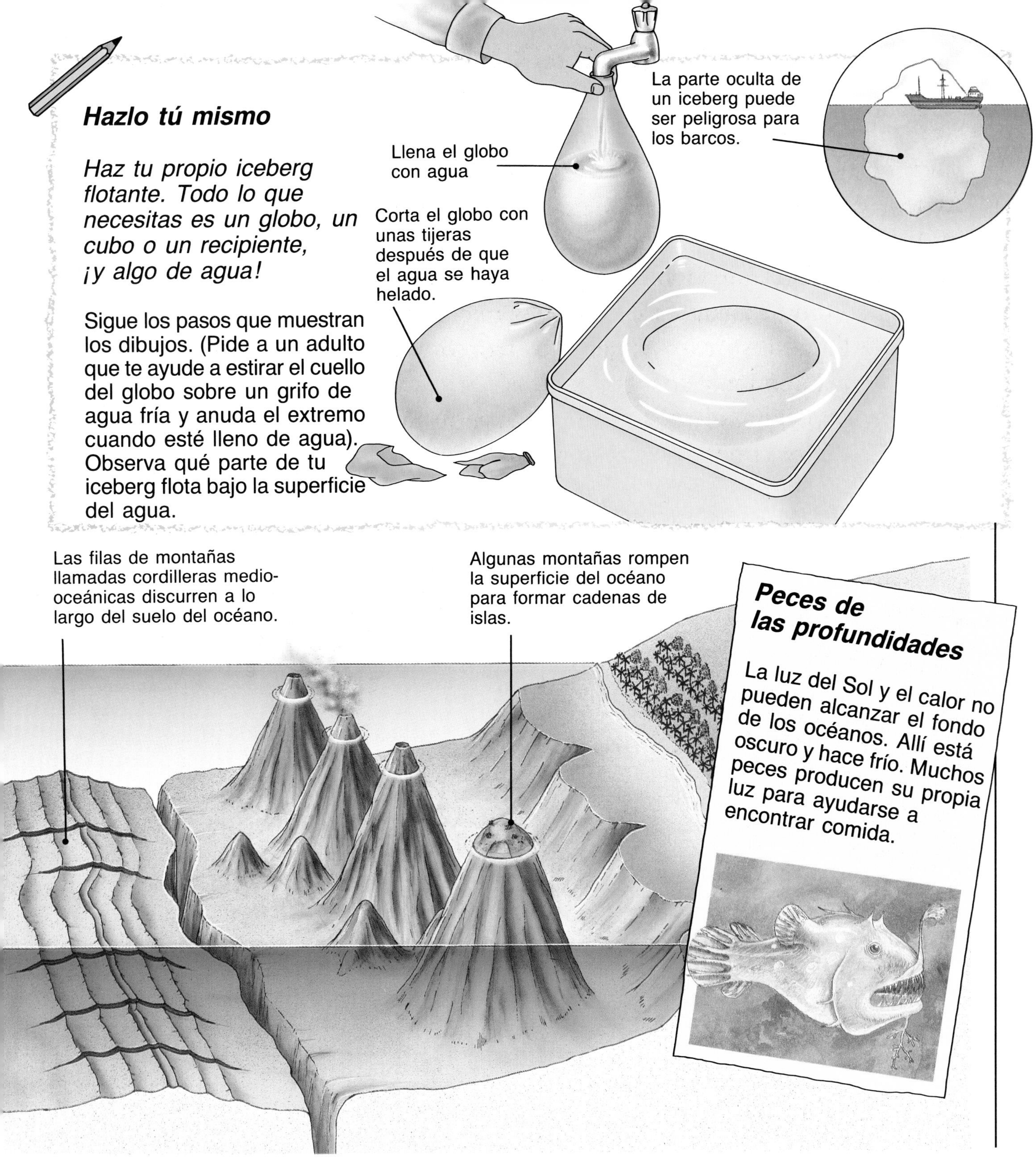


## Peces de las profundidades

La luz del Sol y el calor no pueden alcanzar el fondo de los océanos. Allí está oscuro y hace frío. Muchos peces producen su propia luz para ayudarse a encontrar comida.

# Olas, corrientes y mareas

El agua de nuestros mares se está moviendo siempre, incluso cuando parece tranquila e inmóvil. Los vientos que soplan a través del agua hacen ondas en la superficie del agua y crean vastas corrientes. El nivel del agua también sube y baja todos los días en una forma regular de altas y bajas mareas. Las mareas están causadas principalmente por el influjo de la Luna cuando rodea la Tierra. A veces, gigantescas olas, llamadas ondas marinas sísmicas, emergen a causa de terremotos submarinos y de los volcanes.

El tamaño de una ola depende de la velocidad del viento y de la distancia e intensidad con la que el viento ha estado soplando.

***Cómo trabajan las olas***

En mar abierto, las olas parecen viajar hacia adelante, pero el agua en cada ola permanece casi en el mismo sitio, moviéndose en círculos. Cerca de la costa, parte del agua se detiene en el fondo del mar Esto retarda la caída de la ola y la cima se curva y rompe.

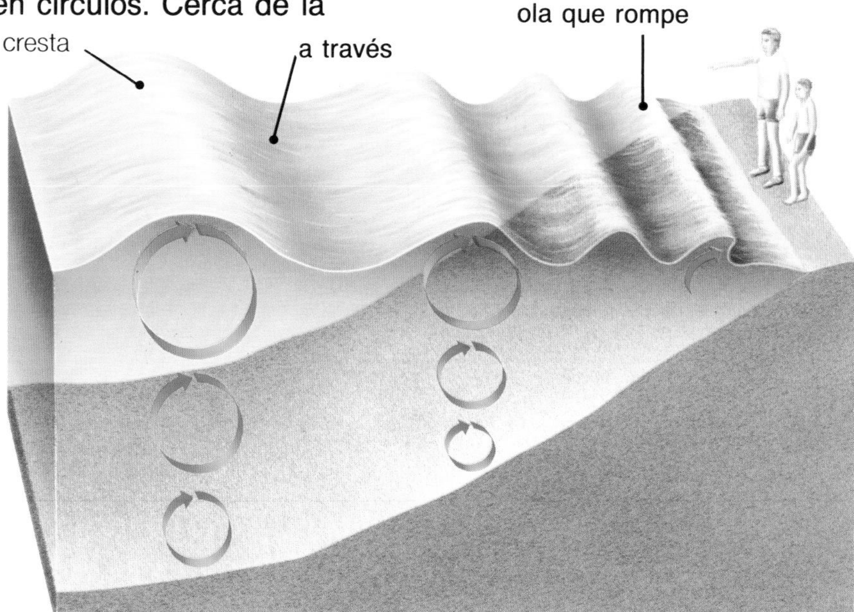

## *Corrientes oceánicas*

Las corrientes oceánicas son como ríos gigantescos que fluyeran lentamente a través de océanos y mares. Hay cerca de 40 corrientes importantes. Corrientes cálidas, que se muestran en rojo en este mapa, fluyen en la superficie del agua. Son creadas por el viento. Las corrientes frías, que se muestran en verde, son creadas cuando el agua fría se interna y se extiende. Se mueven hacia abajo en las profundidades del océano.

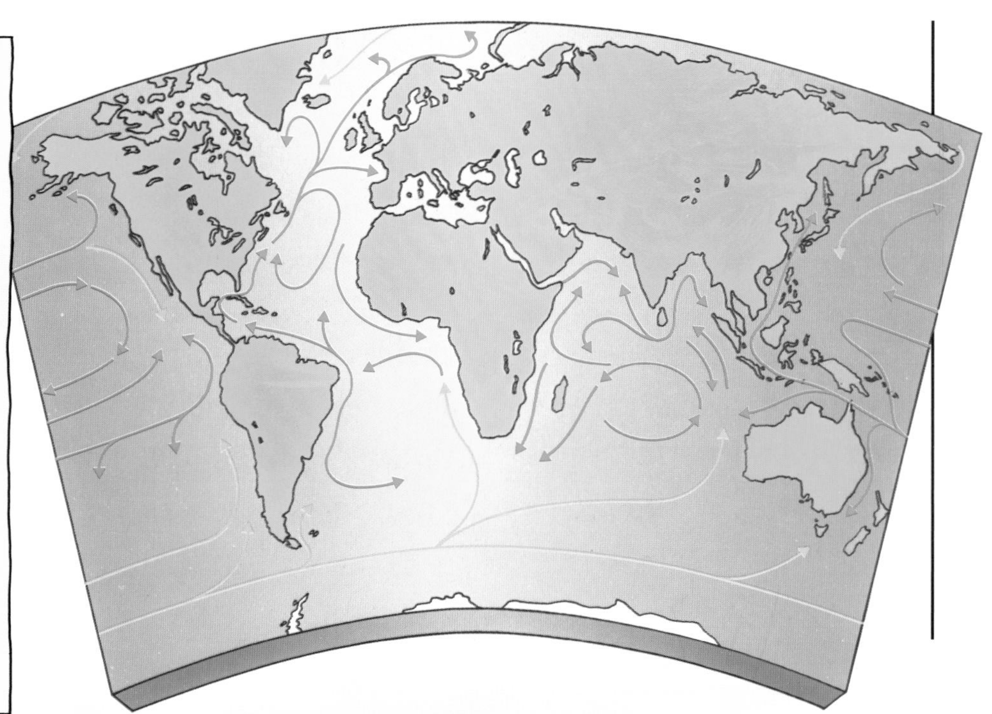

Con la marea alta, el mar se eleva en la costa descargando hierbas marinas, conchas, plumas, madera y otros objetos, en una línea escabrosa llamada línea de costa.
La mayoría de las costas tienen dos mareas altas y dos mareas bajas cada 24 horas.

# Olas trabajadoras

Las olas llevan consigo la energía y el poder del viento. Olas fuertes lanzan rocas y piedras contra las costas, descubriendo riscos. Las olas que rompen golpean contra las rocas llevando aire al interior de las grietas. Luego, cuando las olas se retiran, el aire sale hacia afuera con fuerza, debilitando la roca hasta romperla algunas veces. Las bases de los riscos llegan a ser consumidas por las olas, que rompen hasta las partes superiores que sobresalen. Esto debilita los riscos hasta que grandes partes de roca acaban por desmoronarse en el mar.

Las rocas blandas, como el yeso o piedra caliza, se consumen rápidamente. Las casas que se construyeron sobre éstas pueden caer al mar si las rocas por debajo son cercenadas.

### *La forma de la costa*

La roca suave se va consumiendo hasta formar bahías, mientras que la roca dura sobresale en forma de acantilados. Las olas pueden hacer un agujero, llamado respiradero, a través del techo de una cueva, o en los lados opuestos para formar un arco. Si el techo de un arco se cae, deja una columna de roca llamada niara.

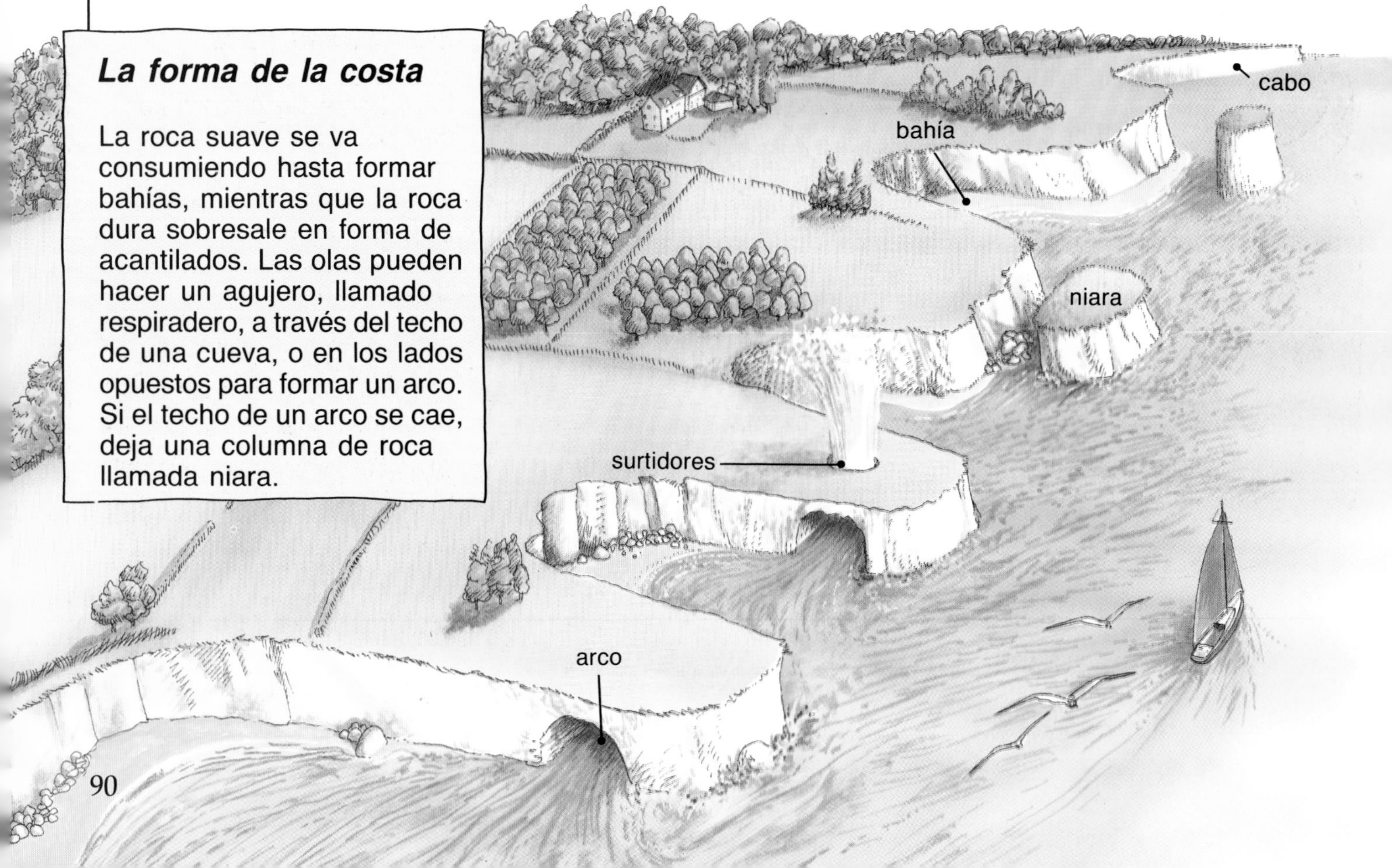

## *Hazlo tú mismo*

*Observa cuántos guijarros diferentes puedas encontrar si visitas la costa.*
*Incluso puedes conseguir algunas piezas de piedras semipreciosas, tales como azabache, ágata y jade.*

Busca guijarros que sean de diferentes colores, formas y tamaños. Mira si puedes buscar alguno con agujeros. Algunos guijarros tienen bandas coloreadas de diferentes rocas. Otras relucen con la luz.

### Observa

Cuando tu chupas un caramelo, éste llega a ser más suave y redondo. De este modo, los bordes cortantes de las rocas llegan a ser más suaves a medida que el mar las golpea.

Hay muchas maneras de clasificar tu colección de piedras. Si la guardas en un recipiente transparente que contenga agua, los colores lucirán más.

### Más cosas para intentar

Para hacer un cuadro con piedras, dibuja un patrón sobre un trozo de cartón fuerte. Reúne grupos de guijarros pequeños del mismo tamaño y color. Pégalos y luego los barnizas.

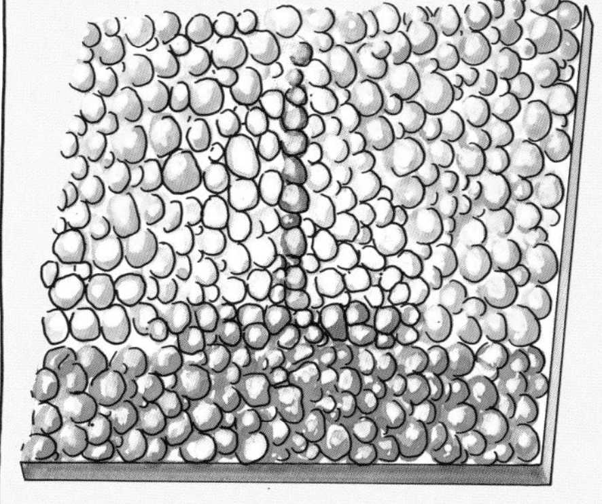

## Olas trabajadoras

A la arena, las piedras y los fragmentos de roca y tierra les bañan las olas frente a nuestra costa. En áreas más resguardadas, este material sirve para que se formen playas. En algunas playas el viento levanta la arena formando pequeñas colinas o dunas. Sobre los promontorios la arena puede elevarse en un escollo angosto llamado banco de arena. El viento y las olas pueden levantar fácilmente arena fina. Para evitar que nuestras costas se desgasten la gente planta hierbas, como la hierba de playa, o levanta vallas llamadas muros de contención.

La hierba de playa crece rápidamente en la arena de las dunas. Sus raíces se juntan en la arena e impiden que se disperse.

**_Construir un banco de arena_**

Donde se curva una costa, las olas pueden llevar arena y guijarros en línea recta, construyendo un largo escollo, o un banco de arena.

**_Dunas costeras_**

Si las olas golpean una playa en ángulo, moveran la arena en un sendero en ziz-zag, llamado dunas costeras.

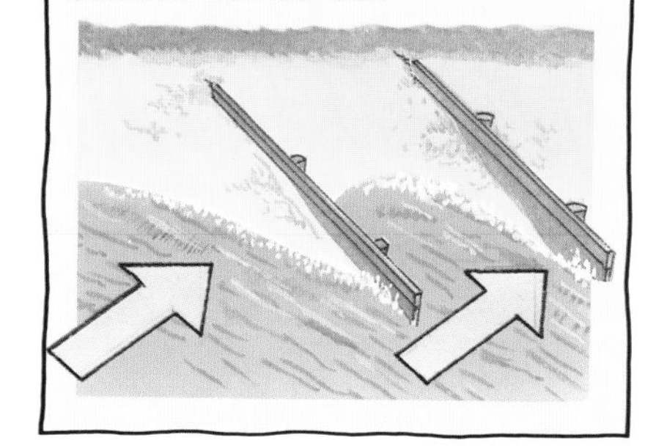

# La contaminación del agua

El agua de la Tierra está mucho más contaminada o más sucia de lo que solía estar. Las aguas residuales, los productos químicos que se usan en los cultivos y los desechos de las fábricas llegan a los ríos, lagos y océanos. Y los escapes y derrumbamientos de los barriles de petróleo se añaden a esta contaminación. Los peces y otras criaturas encuentran difícil la supervivencia en aguas contaminadas y esto trastorna el equilibrio de vida en la Tierra.

La polución del aire o de la atmósfera puede calentar toda la tierra. Con eso, el hielo de los Polos se derretiría haciendo que se elevara el nivel del mar y que éste inundara la tierra.

***El perjuicio del petróleo***

El petróleo se pega a las plumas de los pájaros de tal manera que no pueden volar ni nadar - los pájaros morirán si no se les limpian las plumas.

Este dibujo nos muestra algunas de las más importantes causas de la contaminación del agua. Debemos dejar de contaminar nuestros ríos y océanos para evitar que se perjudique a mucha gente y se extienda por todo el mundo.

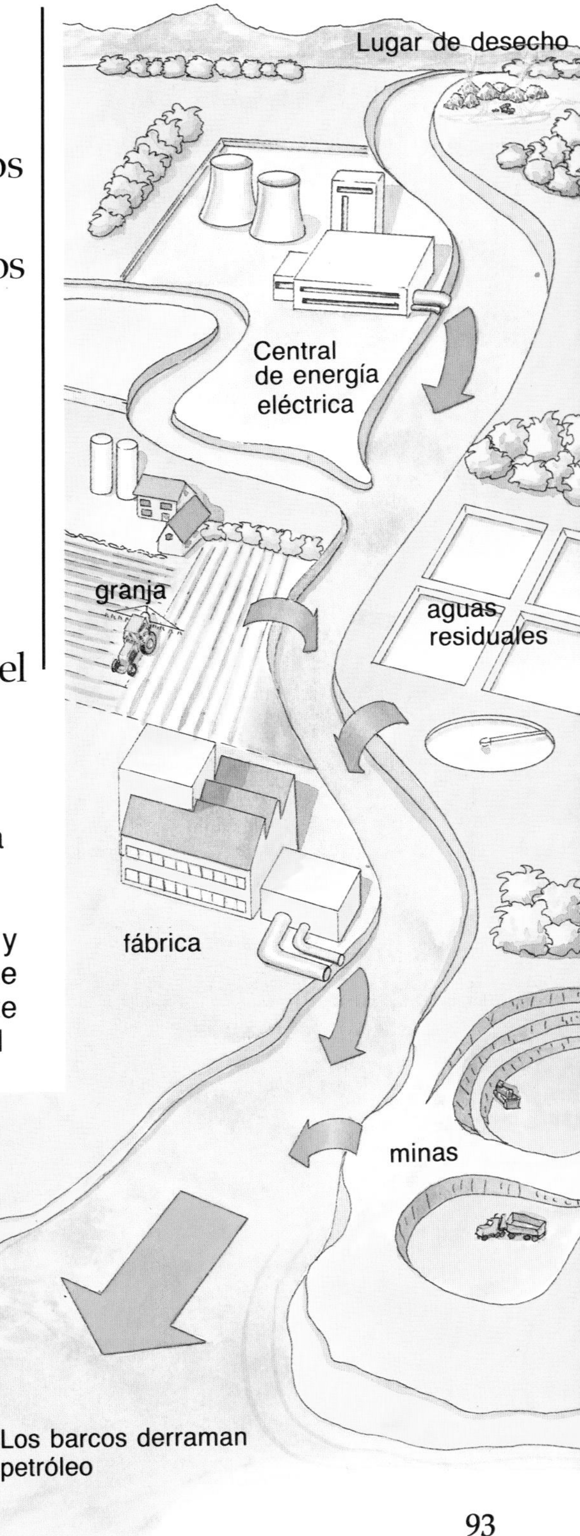

## Hazlo tú mismo

*Haz un filtro de agua para limpiar agua sucia.*

**1.** Consigue agua enlodada mezclando tierra, arena, hojas y ramitas en un recipiente viejo y cuela la mezcla por un tamiz.

**2.** Corta la base de una botella ancha de plástico y encaja en su cuello algodón.

**3.** Vuelca la botella y colócala sobre un jarro. Añade una capa de grava y arena sobre el algodón, luego un papel secante. Estas capas retendrán el barro.

**4.** Derrama el agua enlodada a través del filtro, pero no la bebas. El agua filtrada está todavía muy sucia.

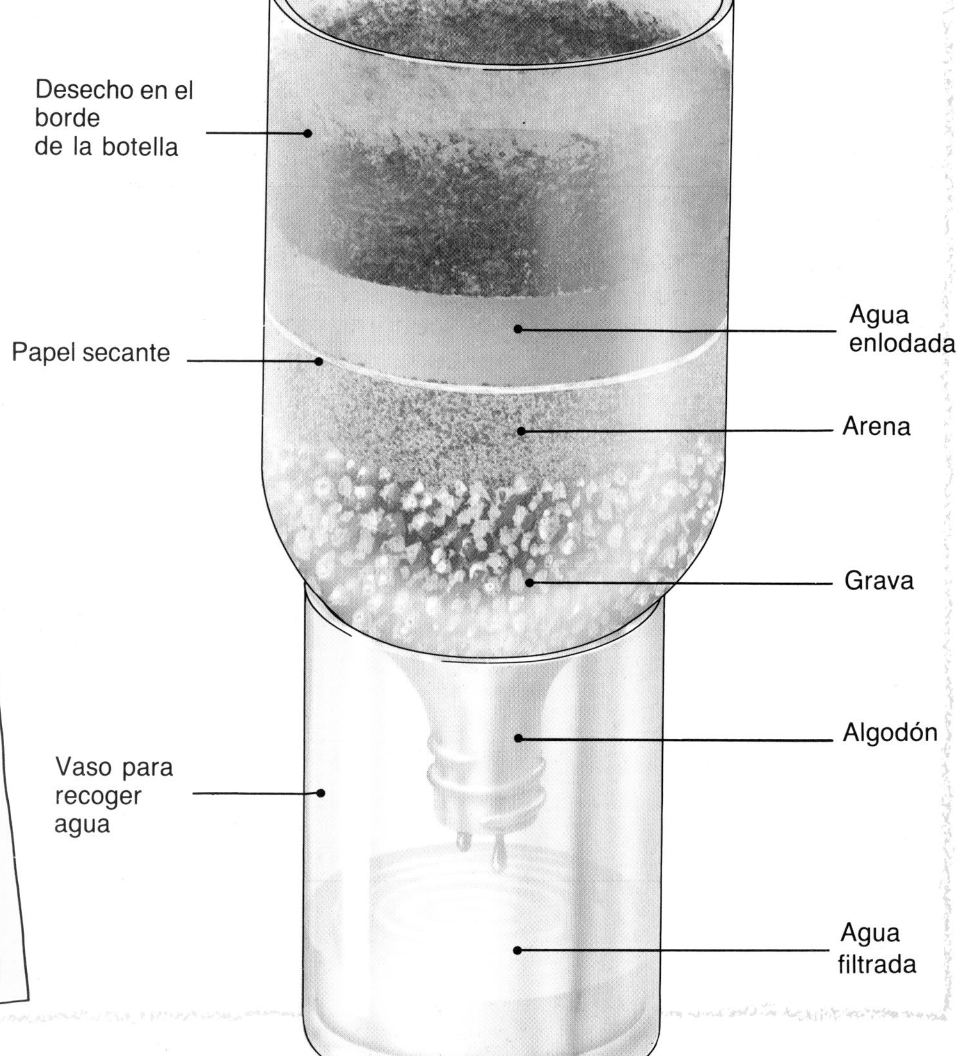

### OBSERVA

Apunta si cerca de tu casa hay agua polucionada. Mira cómo la basura y los desechos de las fábricas que se han tirado al río, flotan en sus aguas y ensucian sus orillas.

# Sorprendentes ríos y océanos

Aunque sabemos mucho más sobre nuestros ríos y océanos que la gente que vivía hace muchos años, el mundo submarino todavía es un lugar misterioso y lleno de peligros.

### *Hazlo tú mismo*

*¿Por qué no empiezas un archivo sobre ríos y océanos?*

Divide tu archivo en secciones y usa un sistema de anillas para que puedas añadir nuevas páginas a cada sección cuando vayas descubriendo y aprendiendo más.

Reúne postales, sellos y fotografías y recorta ilustraciones de las revistas. Los científicos siguen haciendo descubrimientos excitantes sobre el mundo submarino, por eso busca artículos periodísticos sobre nuevos descubrimientos o de expediciones.

### *Baten todos los récords:*

- El océano más grande: Pacífico (181.000.000 km$^2$)
- El océano más pequeño: Ártico (12.157.000 km$^2$)
- El punto más profundo de la Tierra: la fosa de las Marianas, Océano Pacífico (11.033 m)
- La catarata más alta: el Salto del Ángel, América del Sur (979 m)
- El río más largo: Nilo (6.695 km)
- El lago de agua salada más grande: el Mar Caspio (371.800 km$^2$)
- El lago más ancho de agua dulce: el Lago Superior, Norteamérica (82.350 km$^2$)
- El lago más profundo: Lago Baikal, Asia del Norte (1.620 m)
- La ola más alta que se haya registrado (34 m)
- El glaciar más largo: Lambert-Fischer. Paso del hielo Antártico (400 km)
- El delta más ancho: Ganges-Bramaputra (75.000km$^2$)

# Índice

# MONTAÑAS Y VOLCANES

# Sobre este capítulo

Este capítulo te explica todo lo relativo a montañas y volcanes –qué son, cómo se forman–. También te da muchas ideas para buscar fenómenos y realizar proyectos. Podrás encontrar casi todo lo que necesitas para hacerlo en tu propia casa. Puedes necesitar comprar algunos artículos, pero todos ellos son baratos y fáciles de encontrar. En ocasiones necesitarás la ayuda de un adulto, como por ejemplo, cuando tengas que calentar líquidos.

## Trucos para las actividades

- Antes de empezar, lee las instrucciones con atención y prepara todo lo necesario.
- Ponte ropa vieja o una bata o mono.
- Cuando hayas terminado, recoge todo, especialmente los objetos afilados como cuchillos y tijeras, y lávate las manos.

- Vas a empezar un cuaderno especial. Anota en él lo que haces y los resultados obtenidos en cada proyecto.

# Contenido



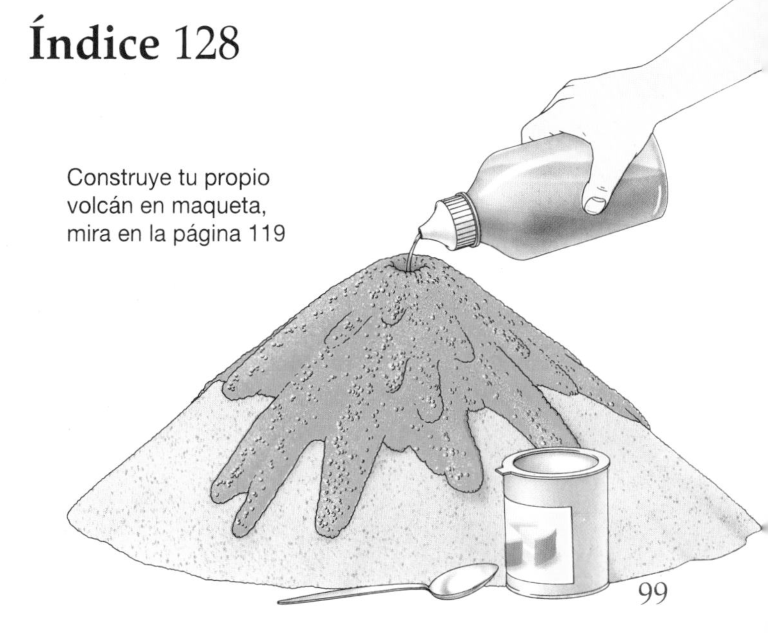

Construye tu propio volcán en maqueta, mira en la página 119

# Cambios en nuestro mundo

El suelo que tenemos bajo nuestros pies parece que está fijo y quieto, pero en realidad, se mueve y cambia continuamente. Desde que se formó la Tierra, hace unos 5000 millones de años, las fuerzas internas del planeta han alterado su forma. Han surgido montañas. De los volcanes han salido polvo, vapor y rocas ardiendo. Y el suelo que pisamos ha estado a la deriva por todo el planeta.

Algunos cambios del terreno, como la formación de montañas, se producen muy lentamente. Otros, como los terremotos o los volcanes, son repentinos y violentos. Se producen sin apenas avisar y pueden hacer mucho daño, incluso matar gente.

***Dioses del fuego***

En el pasado, la gente creía que en las profundidades de los volcanes vivían terribles dragones o dioses enfadados que provocaban las erupciones y explosiones de éstos.

***Dónde están***

Este mapa muestra dónde se encuentran algunas de las montañas más famosas del mundo. Los volcanes también son montañas. Se forman al irrumpir en la superficie de la Tierra rocas calientes procedentes de las profundidades del planeta. Muchos volcanes están en medio del mar, pero la mayoría se encuentran próximos a las costas de nuestros cinco continentes.

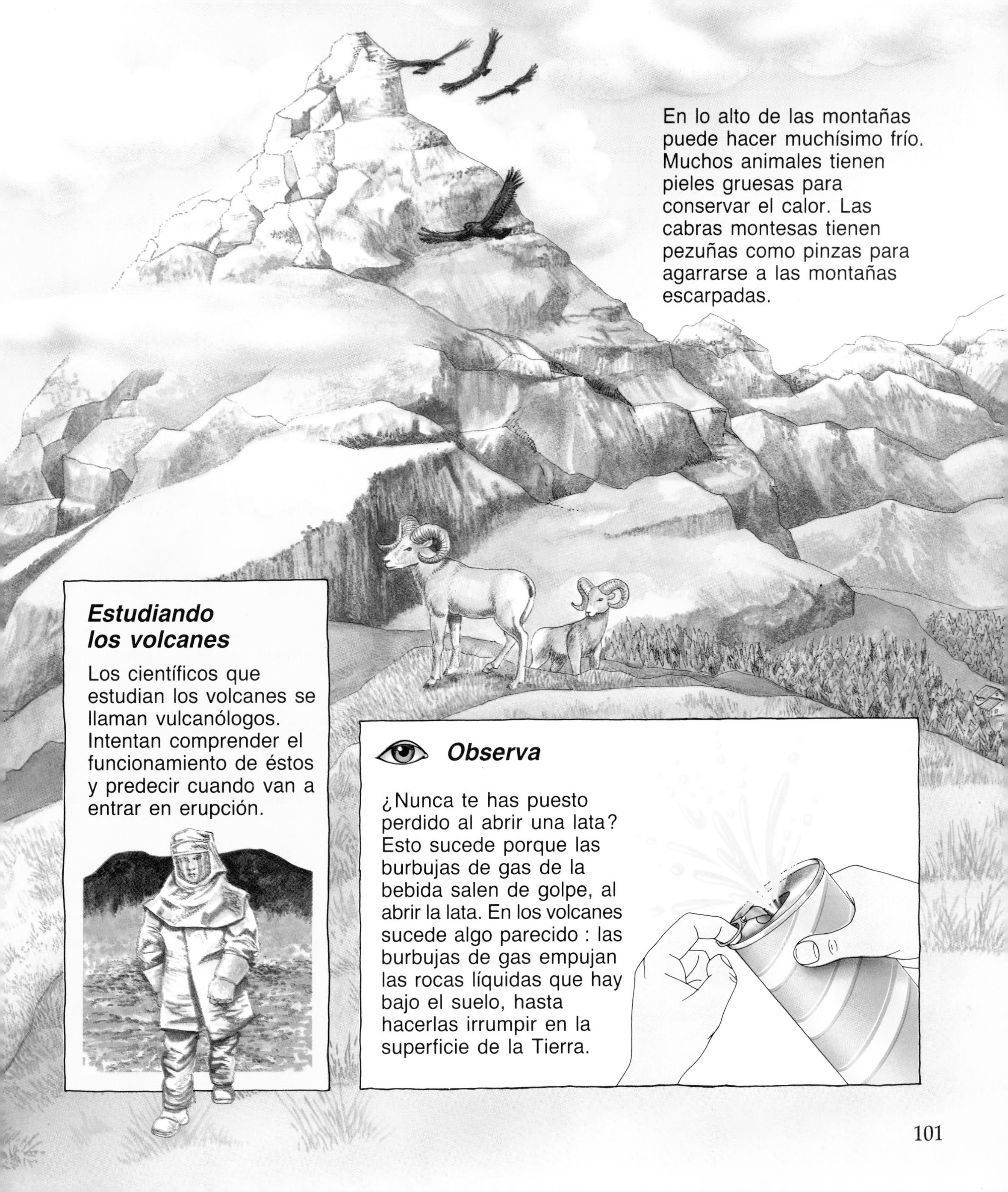

En lo alto de las montañas puede hacer muchísimo frío. Muchos animales tienen pieles gruesas para conservar el calor. Las cabras montesas tienen pezuñas como pinzas para agarrarse a las montañas escarpadas.

### *Estudiando los volcanes*

Los científicos que estudian los volcanes se llaman vulcanólogos. Intentan comprender el funcionamiento de éstos y predecir cuando van a entrar en erupción.

### *Observa*

¿Nunca te has puesto perdido al abrir una lata? Esto sucede porque las burbujas de gas de la bebida salen de golpe, al abrir la lata. En los volcanes sucede algo parecido : las burbujas de gas empujan las rocas líquidas que hay bajo el suelo, hasta hacerlas irrumpir en la superficie de la Tierra.

# En las profundidades de la Tierra

La Tierra está compuesta principalmente por tres capas — la corteza, el manto y el núcleo. Estas capas corresponden más o menos a la piel, la carne y el hueso de un melocotón. La corteza es una capa fina de roca sólida. Forma el suelo de los continentes y el de los océanos. Debajo de la corteza, el manto está tan caliente que la roca está fundida, formando una roca líquida espesa denominada magma, que es como melaza pegajosa. El núcleo tiene una capa exterior de metal líquido caliente y un centro metálico sólido.

Los científicos creen que el núcleo interno es sólido, por el peso tan grande de las demás capas que hacen presión sobre él.

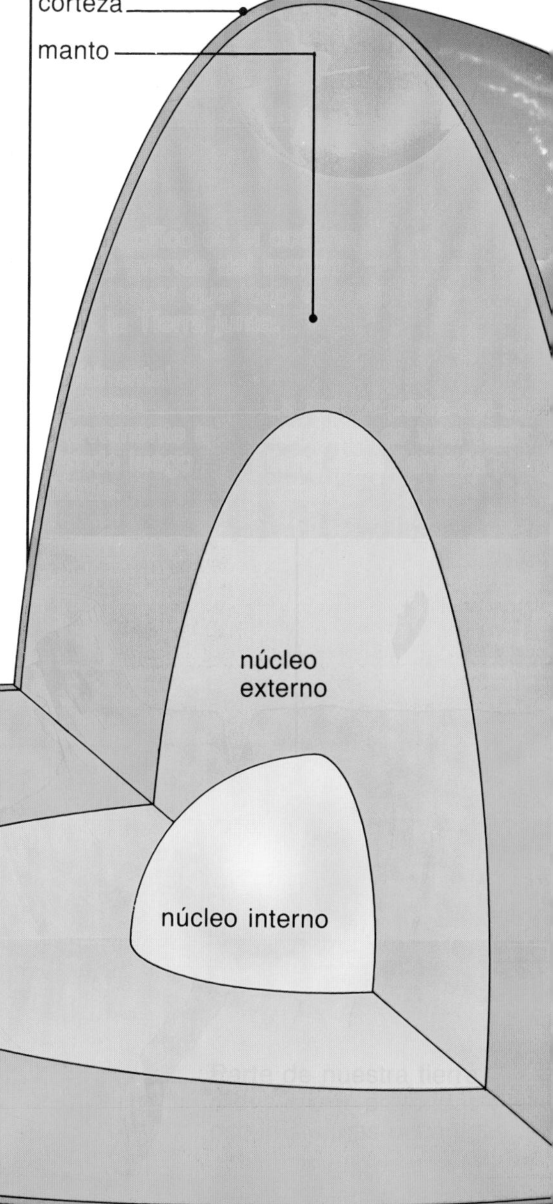


La corteza de la Tierra tiene dos partes : la corteza continental y la corteza oceánica. La corteza continental tiene unos 30 km de ancho. La corteza oceánica es mucho más fina. Sólo tiene entre 6 y 10 km de ancho.

### *Hazlo tú mismo*

*En este experimento puedes hacer corrientes circulares con agua de colores, para ver cómo se mueve el magma, o la roca líquida del manto. Necesitas una botella pequeña, un vaso grande, jarra o cuenco, y un colorante alimentario o tinta.*

Dentro del manto, la corteza caliente de la Tierra va calentando el magma lentamente.
Al calentarse se vuelve más ligero, o menos denso, y sube hacia arriba, alejándose del núcleo. Al aproximarse a la corteza de la Tierra, se enfría, se vuelve más pesado y se hunde.
Esto sucede una y otra vez, con lo que está en continuo movimiento.

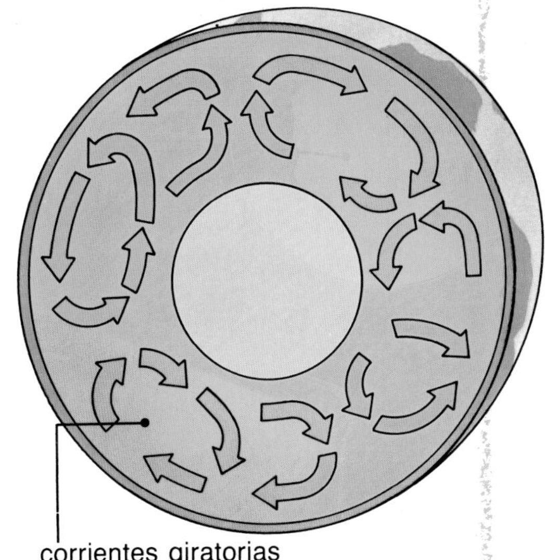


**1.** Llena una botella pequeña de agua muy caliente (pídele ayuda a un adulto). Después añádele unas gotitas de colorante o de tinta.

**2.** Baja la botella despacio, metiéndola en un vaso o jarra de agua fría. Observa lo que pasa con el agua de color.

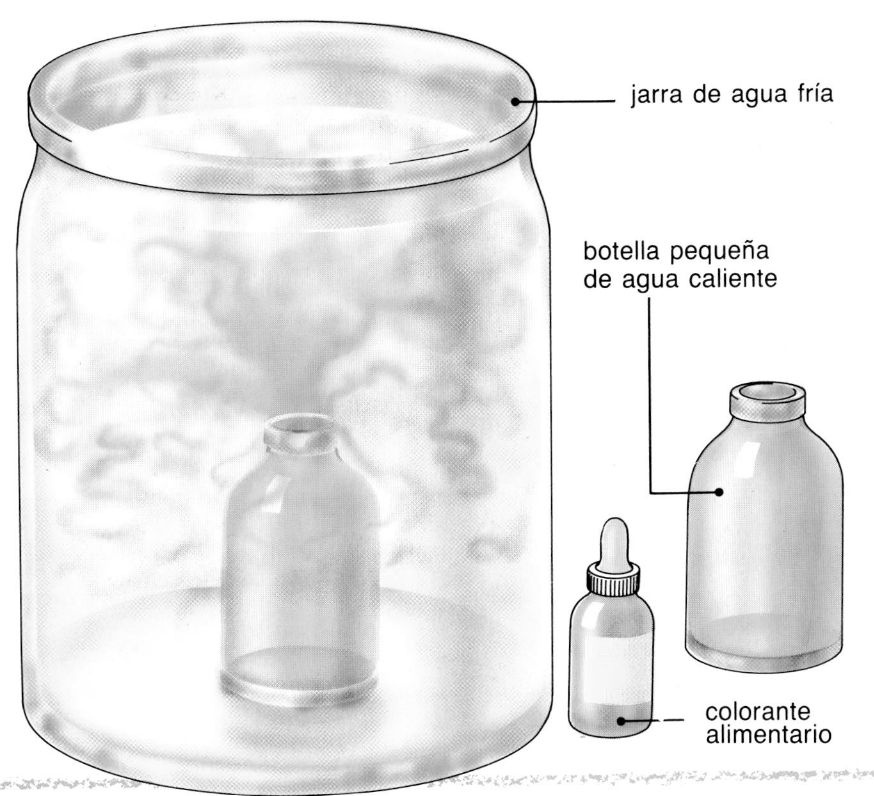

# El rompecabezas de la Tierra

Las corrientes circulares del manto son tan fuertes, que han provocado, en algunas partes de la Tierra, la fragmentación de la corteza en piezas gigantes, denominadas placas. Existen ocho placas grandes y unas doce más pequeñas, que casan entre sí como un enorme rompecabezas. Las placas flotan sobre el manto como balsas en el mar, llevadas por el vaivén de las corrientes del magma.

## *La Tierra incansable*

Hace millones de años la Tierra estaba formada por un continente inmenso. Poco a poco la tierra se fue partiendo, apilándose en bloques sobre la superficie de la Tierra.

Hace 10000000 de años

El mapa muestra algunas de las inmensas placas que forman la corteza de la Tierra. Las flechas rojas indican la dirección en la que se mueven las placas.

## *Lugar de encuentro de las placas*

Algunas placas se van separando poco a poco. Otras se van juntando. A veces una placa se desliza debajo de otra.

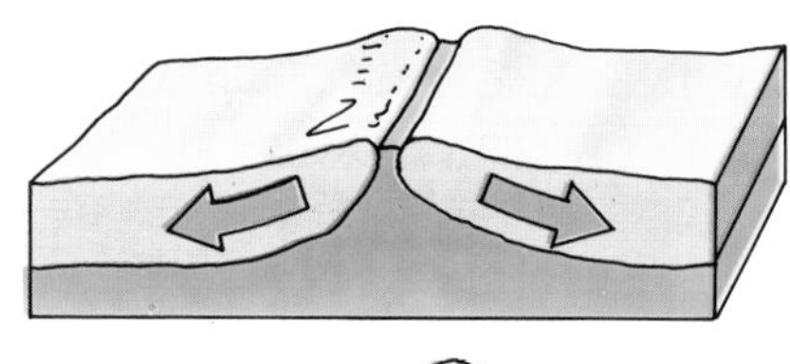

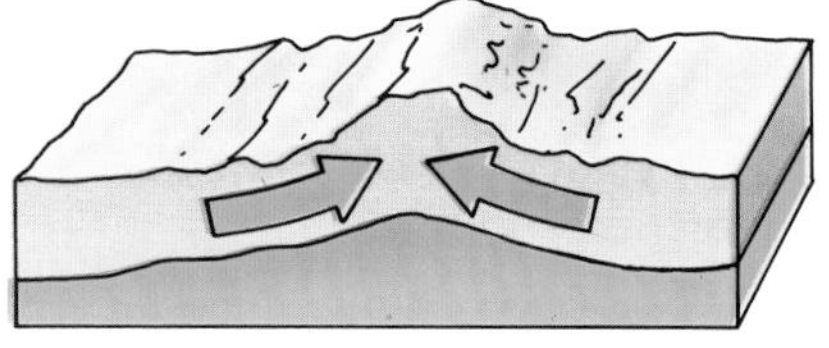

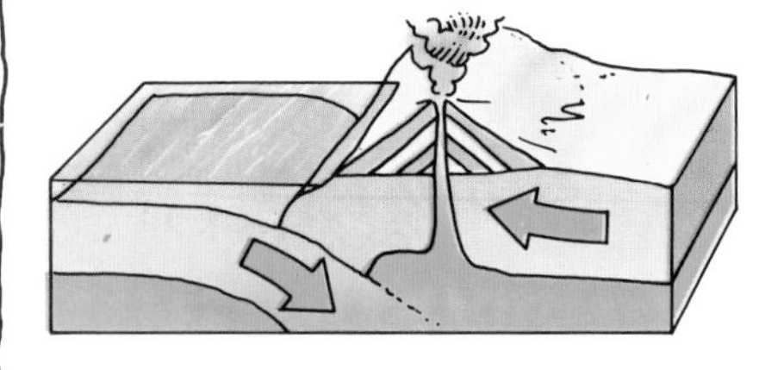

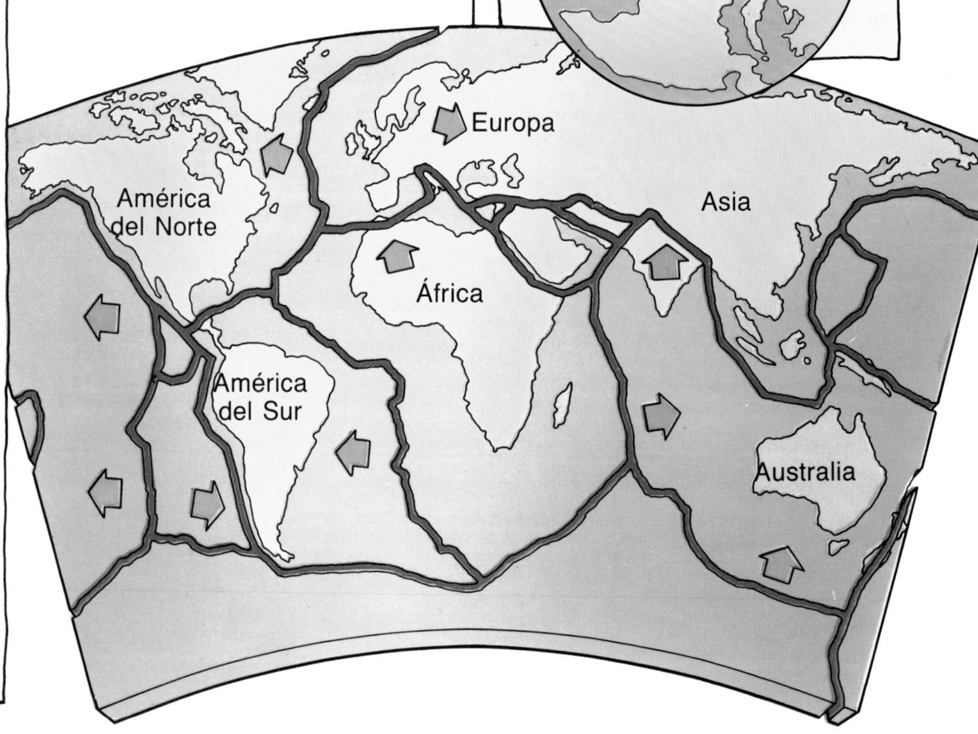

## *Hazlo tú mismo*

*Este experimento te demostrará cómo la Tierra era antes una sola pieza. Necesitas un lápiz, papel de seda, tijeras y una cartulina gruesa.*

**1.** Busca las formas de África y América del Sur en tu Atlas. Pon el papel de seda encima de las formas y dibújalas.

**2.** Dale la vuelta al papel y subraya el contorno con un lápiz blando. Dale la vuelta y pinta sobre las líneas encima de la cartulina.

**3.** Corta las formas con cuidado.

**4.** Asegúrate de colocar las formas boca arriba, en la posición correcta. Ahora mueve las formas hasta que veas cómo casan mejor.

### *Claves del pasado*

Los científicos han encontrado restos de plantas y animales iguales en América del Sur, África y la Antártida. Esto sugiere que los continentes estuvieron unidos en el pasado.

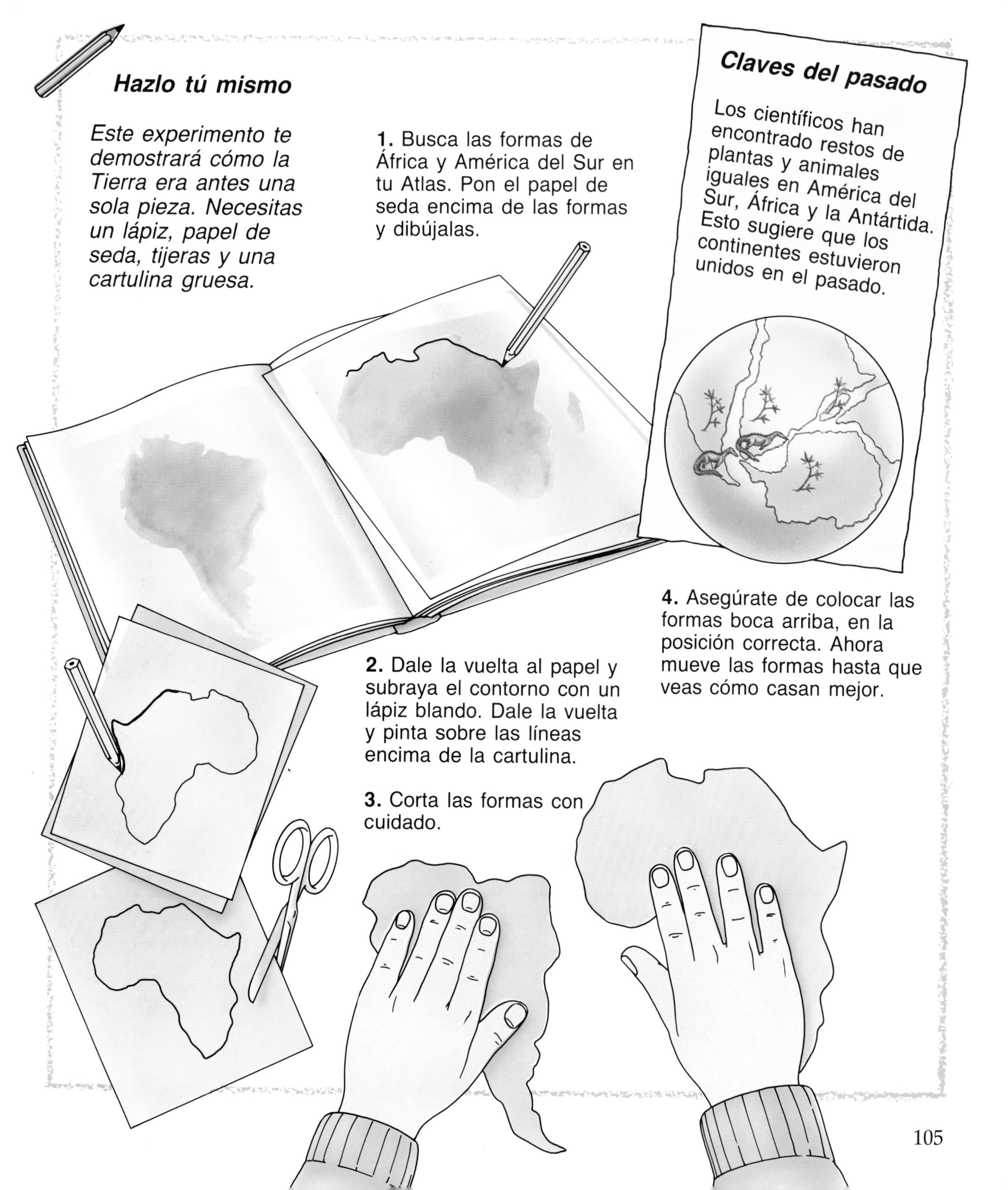

# ¡Terremoto!

Cuando las placas de la Tierra chocan entre sí, aumentan la tensión de las rocas de la corteza. A veces ejercen tanta presión que el suelo se quiebra, causando un terremoto.

El punto en el que empieza el terremoto se denomina epicentro. Las ondas se expanden desde el epicentro en círculos concéntricos, como cuando se tira una piedra al agua. Hacen que la tierra se agite y tiemble y a veces el terreno se abre formando una enorme zanja llamada falla.

Los edificios como la Torre TransAmerica de San Francisco están construidos en forma de pirámide, para no sufrir daños cuando se produzcan terremotos.

### *Las fallas*

Una vez rotas las rocas en fallas, no se vuelven a unir fácilmente, por lo que las fallas son sinónimo de puntos débiles. La mayoría de los terremotos se producen en los lugares en que se unen las placas. Vuelve a mirar el mapa de la página 104.
Una de la fallas más grandes del mundo es la falla de San Andreas, una falla de transformación que recorre la costa oeste de América del Norte. Los otros dos tipos de fallas son las fallas normales y las fallas inversas.

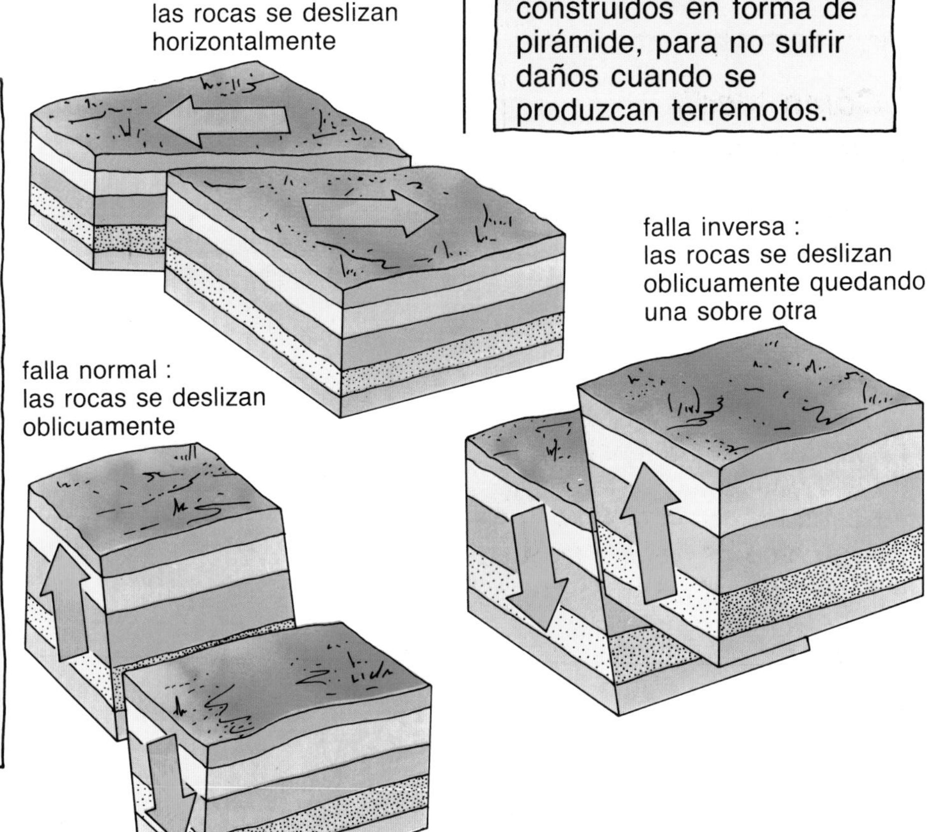

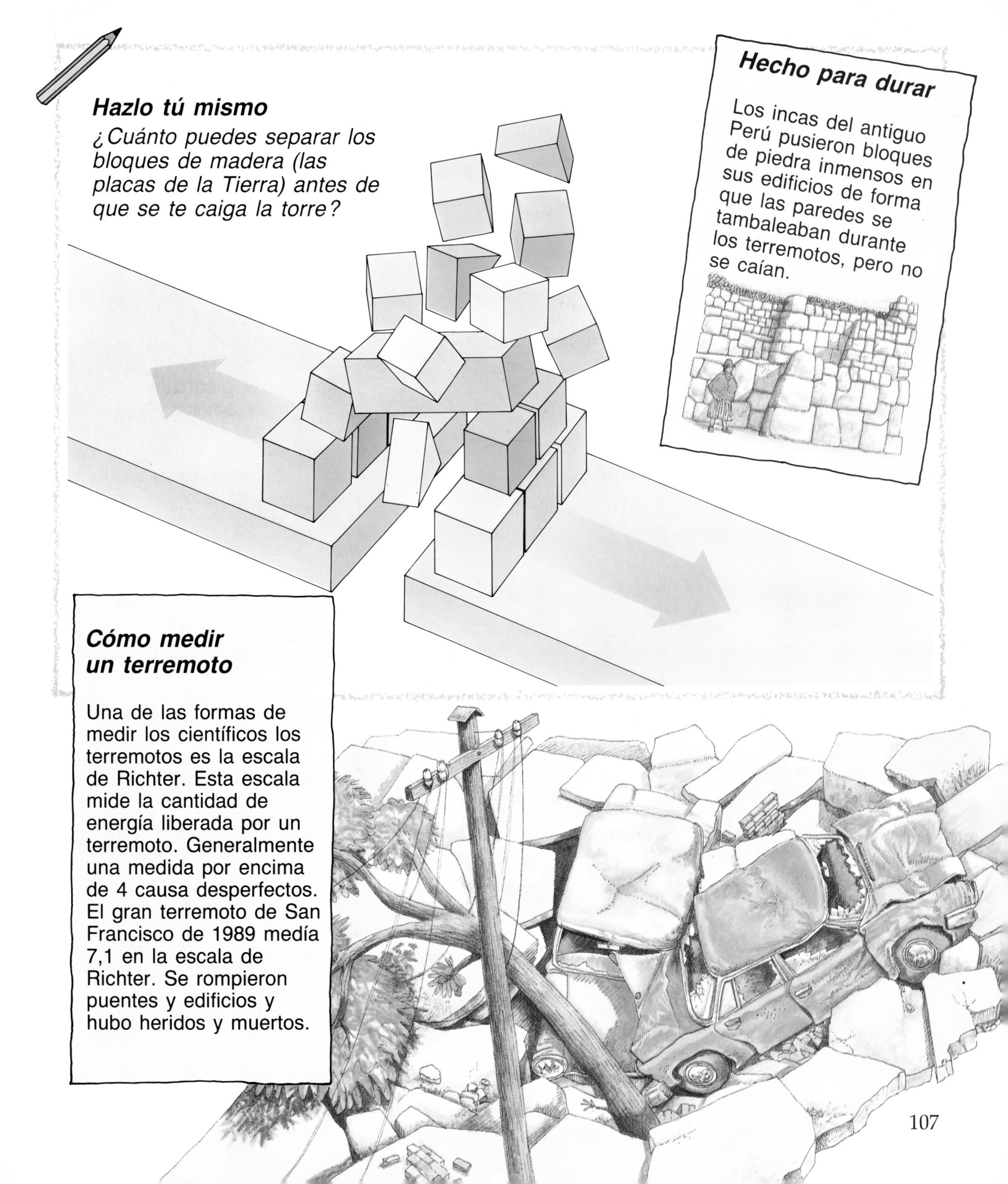

### *Hazlo tú mismo*

*¿Cuánto puedes separar los bloques de madera (las placas de la Tierra) antes de que se te caiga la torre?*

### Hecho para durar

Los incas del antiguo Perú pusieron bloques de piedra inmensos en sus edificios de forma que las paredes se tambaleaban durante los terremotos, pero no se caían.

### *Cómo medir un terremoto*

Una de las formas de medir los científicos los terremotos es la escala de Richter. Esta escala mide la cantidad de energía liberada por un terremoto. Generalmente una medida por encima de 4 causa desperfectos. El gran terremoto de San Francisco de 1989 medía 7,1 en la escala de Richter. Se rompieron puentes y edificios y hubo heridos y muertos.

# Formación de las montañas

Los sistemas montañosos más altos están formados por pliegues de montañas. Se forman cuando dos placas se mueven una hacia otra, provocando la compresión de la tierra que hay entremedias, y haciendo surgir una falla gigante. Algunas montañas, denominadas cordilleras, se forman sobre fallas, cuando, como consecuencia del movimiento de la corteza terrestre, se elevan grandes masas de rocas entre dos fallas. Las cordilleras son generalmente más pequeñas que las montañas de pliegues. El tercer tipo importante de montañas son las montañas de cúpula.

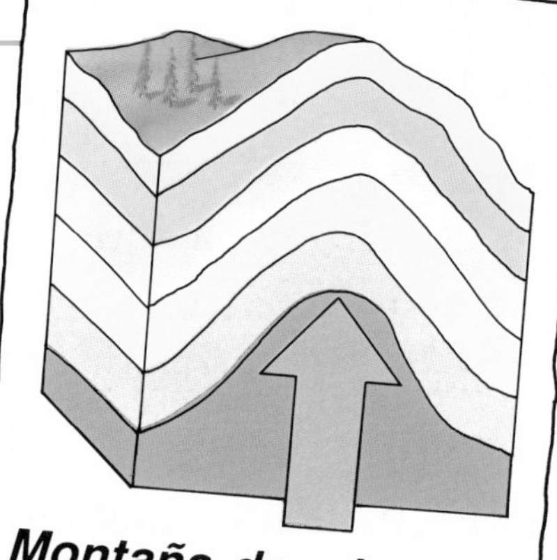

**Montaña de cúpula**

La montaña de cúpula se forma cuando las corrientes del manto empujan la corteza de la tierra hacia arriba, formando un bulto redondeado de rocas.

**Montaña rocosa**

A veces se deslizan entre las fallas grandes bloques de rocas. Esto forma un valle denominado Great Rift Valley. El más grande es el Great Rift Valley de África.

La forma de un pliegue en la corteza terrestre depende de la fuerza de empuje de la roca y de que ésta sea blanda o dura. Las rocas pueden ser empujadas hacia arriba formando un arco denominado anticlinal, o hacia abajo, formando una depresión denominada sinclinal. Los pliegues anticlinales forman cerros y montañas, los sinclinales forman valles. A veces las rocas pueden ser empujadas encima de un pliegue.

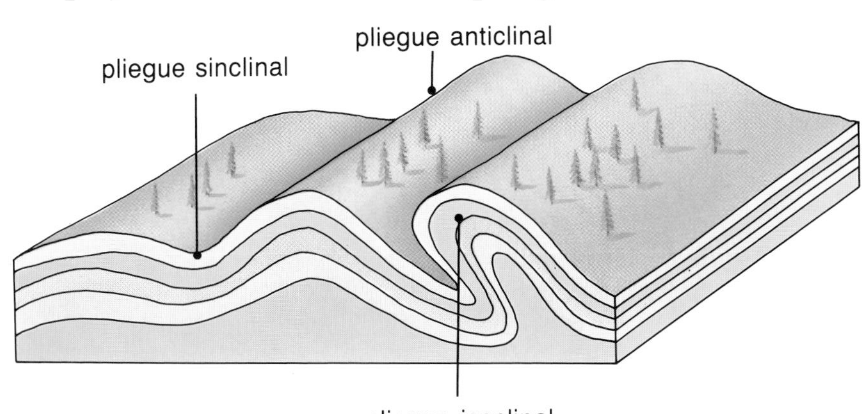


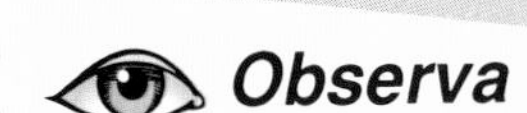 ***Observa***

*Cuando vayas al campo o a la costa, fíjate en las formas de los pliegues de rocas en los acantilados o las montañas. Otro lugar para observar estos pliegues son los cortes de las carreteras.*

***Jóvenes y viejas***

Algunas montañas de pliegues, como los Apalaches de América del Norte, son redondas porque el viento y la lluvia han desgastado la roca de la superficie (ver página 112). Las más jóvenes, como los Alpes en Europa, tienen cimas altas con bordes irregulares, como se puede ver a la derecha.

## *Hazlo tú mismo*

*Puedes hacer tus propias montañas de pliegues. Sólo necesitas un trozo largo de papel, un poco de arcilla, y tus manos.*

Pon el papel encima de la mesa y coloca las manos en los extremos del papel. Haz fuerza hacia abajo y mueve las manos hacia el centro. Imagina que tus manos son placas gigantes que se mueven en la superficie de la Tierra. ¿Qué le pasa a la parte central del papel?

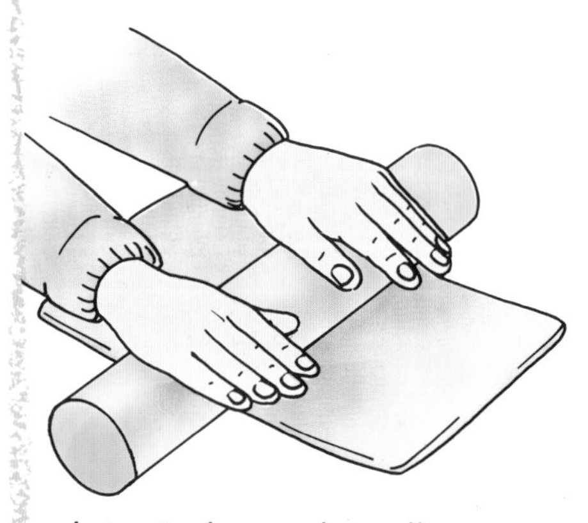

Intenta hacer los pliegues de las montañas con arcilla de modelado en vez de con papel.

**1.** Enrolla tres o cuatro capas de arcilla de modelado. Utiliza colores diferentes para cada capa de roca.

**2.** Pon las piezas de arcilla una encima de otra y aplástalas.

**3.** Moldea la arcilla en pliegues. Tendrás que hacer bastante presión para formar las montañas. ¿Qué pasa con las capas de arcilla?

### *Pliegues famosos*

Los sistemas montañosos más altos son montañas de pliegues. A este grupo pertenecen los Alpes en Europa, las Rocosas y los Apalaches en América del Norte y el Himalaya en Asia.

En 1786, dos escaladores llegaron a la cima del Mont Blanc, la montaña más alta de los Alpes. Con ellos empezó el alpinismo.

# El Himalaya

El Himalaya es el macizo montañoso más alto del mundo. Se formó hace unos 40 millones de años, mucho después de que murieran los dinosaurios y mucho antes de que los primeros hombres habitaran la Tierra. Las montañas se formaron cuando colisionaron dos placas inmensas de la Tierra, haciendo presión hacia arriba y plegando las rocas que había en medio.

En el Himalaya está el Everest, la montaña más alta del mundo. Las montañas siguen creciendo, aproximadamente 5 centímetros cada 100 años.

«Himalaya» significa «la morada de las nieves». En esas cimas montañosas tan elevadas, sólo pueden vivir unos pocos insectos adaptados al duro clima.

### *Formación del Himalaya*

**1.** Hace mucho tiempo, la placa con el terreno que ahora denominamos India, chocó con la placa que contenía el resto de Asia.

**2.** La arena, el barro y el suelo del océano que había entre las placas se fueron estrujando y subieron hacia arriba.

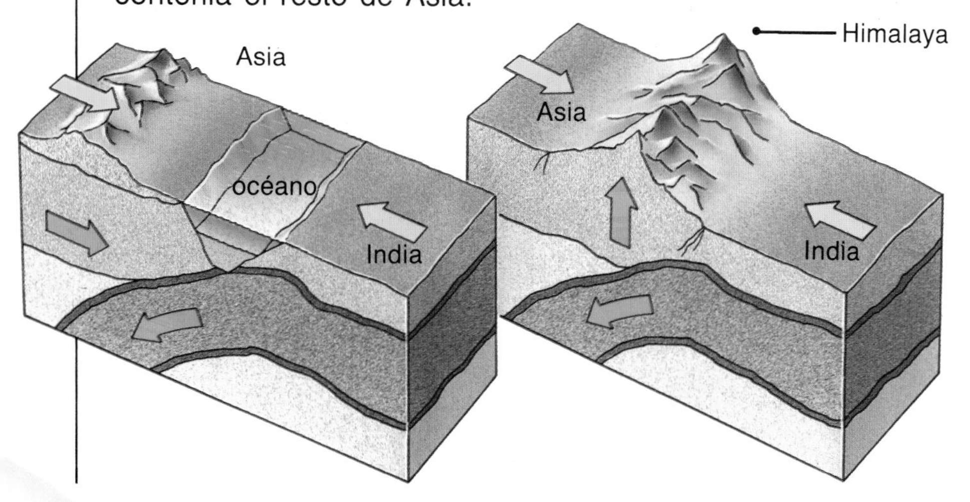

### *Observa*

Si pones helado entre dos galletas e intentas comerlo, el helado se sale por los lados. Las placas de la India y Asia eran como las galletas, estrujaron el barro y la arena del océano.

# Erosión de las montañas

Además de la presión, las montañas están sometidas al desgaste del viento y de la lluvia. Las rocas se rompen con los ácidos del agua de lluvia o con los cambios de temperatura. Por ejemplo, el agua se mete en las grietas de las rocas, después se hiela y crece, rompiendo las rocas. Los trozos de roca se los lleva el viento o la lluvia y los ríos. Las rocas rotas suelen acumularse en la parte inferior de las montañas, produciéndose grupos de formas curiosas.

### Observa

Llena un contenedor de plástico de agua y mételo en el congelador durante la noche. Podrás comprobar cómo se expande el agua, o aumenta, al convertirse en hielo.

### Plantas y rocas

Las raíces de las plantas también pueden romper las rocas. Las raíces se abren camino a través de las grietas en busca de agua. Al crecer la planta, las raíces se agrandan y hacen más presión en las rocas, partiéndolas. Algunas plantas pequeñas (los líquenes) expulsan ácido que corroe la roca y acaba convirtiéndola en tierra.

## *Hazlo tú mismo*

*Mira lo que ocurre cuando se le añade ácido a una roca.*

Pon un trozo de piedra caliza o de tiza natural en una jarra y añádele vinagre. El vinagre es un ácido. Se come la roca, haciendo que ésta desprenda burbujas de gas.

El agua de lluvia contiene un ácido muy suave. Algunas rocas blandas, como la piedra caliza, se desgastan fácilmente con los ácidos. Las grietas naturales de las rocas pueden convertirse en canales profundos, formando un «pavimento» de losetas de caliza.

vinagre

tiza

jarra

pavimento de piedra caliza

Izquierda : las rocas del Cañón Bryce de Utah, en Estados Unidos, se han desgastado con el viento y el agua.

Abajo : las raíces de los árboles mantienen la tierra y las rocas unidas. Cuando se cortan los árboles, la tierra puede erosionarse rápidamente.

# Leyendo las rocas

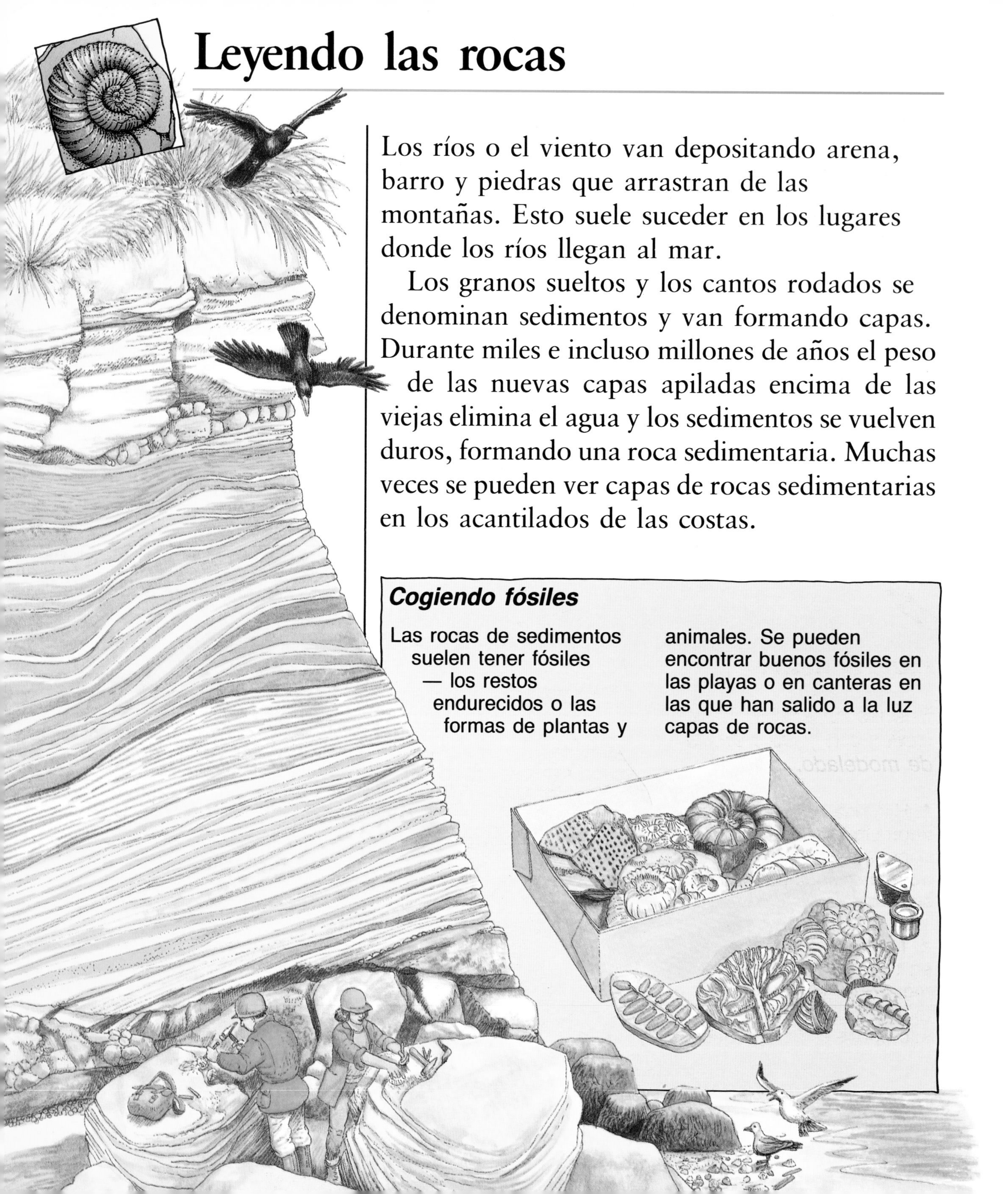

Los ríos o el viento van depositando arena, barro y piedras que arrastran de las montañas. Esto suele suceder en los lugares donde los ríos llegan al mar.

Los granos sueltos y los cantos rodados se denominan sedimentos y van formando capas. Durante miles e incluso millones de años el peso de las nuevas capas apiladas encima de las viejas elimina el agua y los sedimentos se vuelven duros, formando una roca sedimentaria. Muchas veces se pueden ver capas de rocas sedimentarias en los acantilados de las costas.

### *Cogiendo fósiles*

Las rocas de sedimentos suelen tener fósiles — los restos endurecidos o las formas de plantas y animales. Se pueden encontrar buenos fósiles en las playas o en canteras en las que han salido a la luz capas de rocas.

## Conchas de montañas

Se han encontrado fósiles de criaturas del océano en el Himalaya. Esto demuestra que las rocas estuvieron en su día en el fondo del océano.

## Caza de fósiles en la ciudad

Si miras bien las estatuas o algunos edificios antiguos de piedra con lupa, puedes ver fósiles de criaturas del océano en las rocas.

## Hazlo tú mismo

*Puedes hacer tus propios fósiles con yeso y arcilla de modelado.*

**1.** Haz una capa de arcilla e impresiona en ella una concha de mar o una piña, de manera que puedas ver su forma claramente.

**2.** Mezcla un poco de yeso en un bote limpio. Pon la mezcla en el hueco, teniendo cuidado de que no sobrepase la parte superior.

**3.** Deja que se endurezca la mezcla durante la noche. Quita la arcilla y pinta o barniza tu fósil.

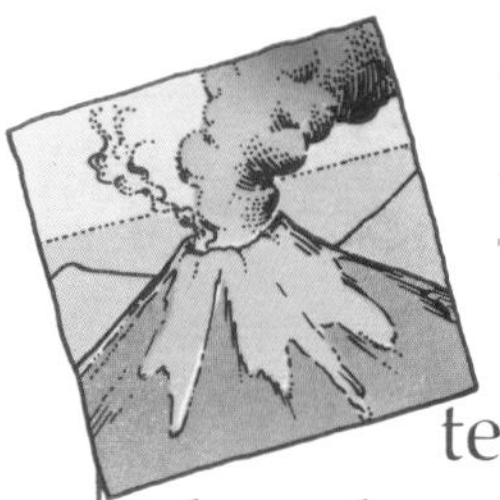

# La Tierra en erupción

La mayoría de los volcanes terrestres se encuentran en los bordes de las placas, donde la corteza es más débil. Las erupciones volcánicas más violentas se dan cuando dos placas chocan entre sí y una se desliza bajo la otra, fundiéndose en la roca que la rodea y haciendo magma. Una vez que el magma sale a la superficie de la Tierra, recibe el nombre de lava. Si un volcán sufre erupciones continuas, las capas de lava se van acumulando alrededor, hasta formar una montaña.

Si un volcán está en erupción a menudo, se dice que está activo. Si está tranquilo durante muchos años se dice que está inactivo. Un volcán apagado no debe volver a sufrir nuevas erupciones.

Hace unos 50 años empezó a salir de repente lava de una grieta de la tierra de un agricultor cerca del pueblo de Paricutín, en México. En sólo una semana el volcán pasó a medir 150 m.

Algunos volcanes explotan con un ruido estrepitoso, como cuando sale el corcho de una botella de cava. Cuando hizo explosión el Monte Saint Helens en Estados Unidos en 1980, se llevó por delante la parte superior de la montaña.

### *Cómo empiezan los volcanes*

Todavía no comprendemos totalmente las fuerzas interiores de la Tierra que provocan los volcanes. Los científicos creen que los volcanes empiezan con magma o roca fundida. Al fundirse la roca, forma gas que se mezcla con el magma. El magma entonces sube a la superficie de la Tierra, al ser más ligero que la roca sólida que lo rodea.

## Observa

¿Has hecho caramelos alguna vez? Cuando la mezcla de los caramelos está caliente es suave y correosa, como la lava que sale de los volcanes. Pero cuando se enfría se vuelve dura. A la lava le ocurre lo mismo, cuando se endurece se vuelve una roca sólida y dura.

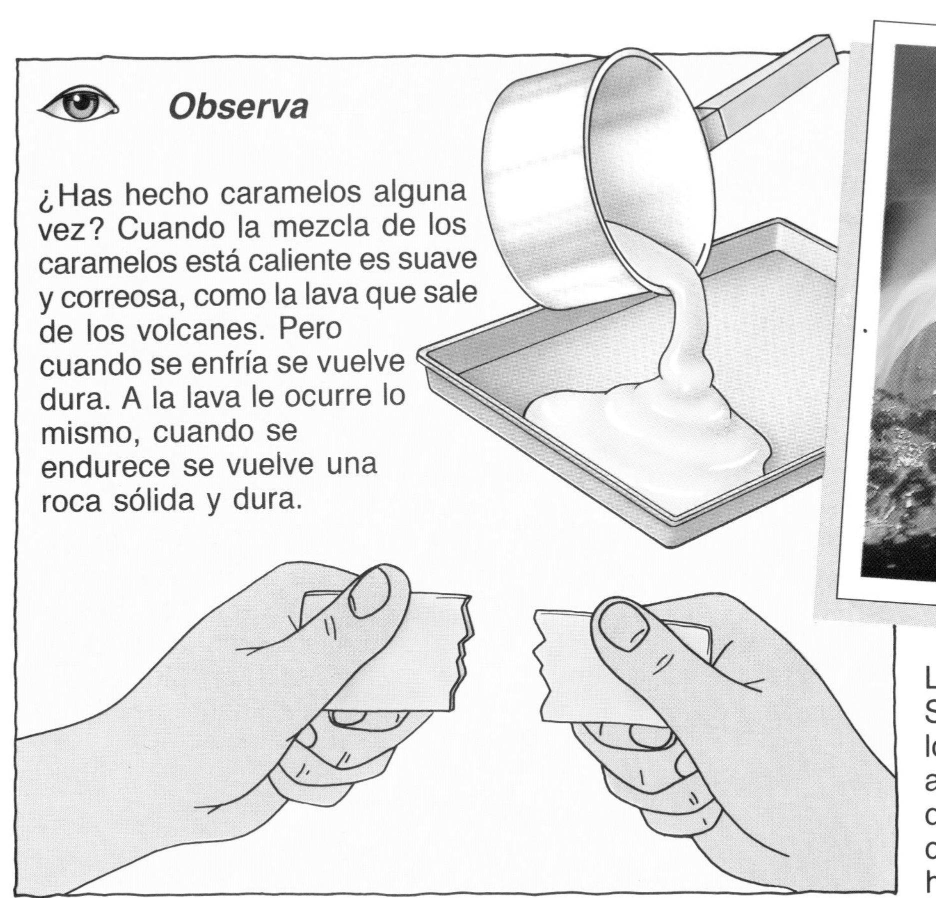

La lava está muy caliente. Siempre está por encima de los 800° C y puede alcanzar los 1200° C, es decir, doce veces más caliente que el agua hirviendo.

**1.** El magma sube a la corteza, donde forma una bolsa, unos 3 km debajo de la superficie. La presión va aumentando, al empujar el magma las rocas que le rodean.

**2.** El magma sale a la superficie por las zonas débiles de las rocas, abriendo tubos denominados chimeneas.

**3.** La lava líquida sale por la chimenea a la superficie de la Tierra. Más adelante se enfría y se solidifica en roca.

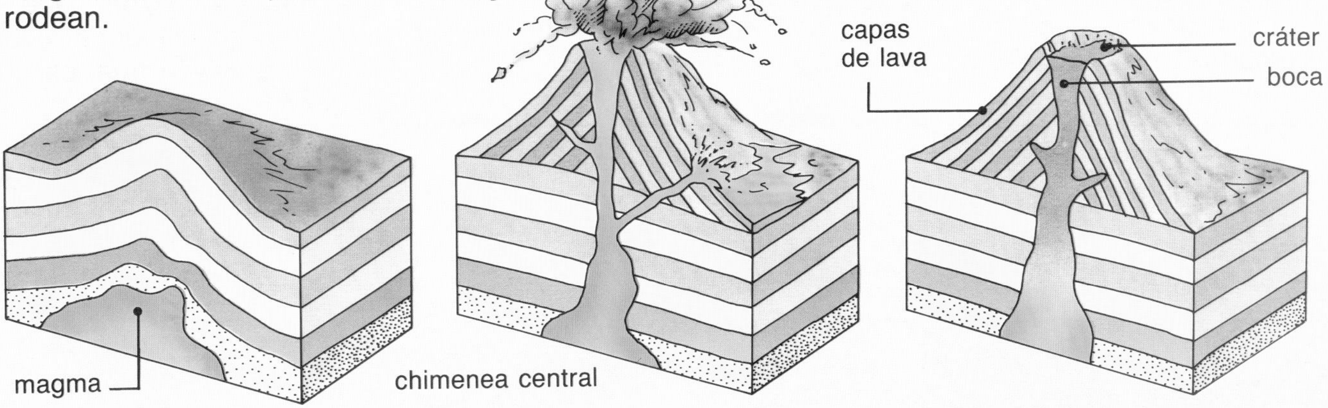

La forma del volcán depende de lo gruesa que sea la lava y la fuerza con la que salga por la chimenea. Cuando el magma tiene mucho gas, se produce una explosión muy grande y la ceniza, el polvo y la roca fundida se acumulan en un cono de proyección.

Un volcán mixto está formado de capas de lava gruesa, terrones de roca y ceniza. Como la lava es gruesa, el volcán mixto tiene flancos escarpados. La lava fina y correosa se extiende formando un volcán bajo con forma de domo de tipo efusivo.

**1.** Cono de cenizas (Monte Saint Helens, Estados Unidos).

**2.** Volcán mixto (Fujiyama, Japón).

**3.** Volcán efusivo (Mauna Loa, Hawai)

En el año 79 d.C. tuvo lugar una explosión que se llevó la cima del Vesubio en Italia. La ciudad de Pompeya quedó enterrada bajo 6 m de ceniza y se ahogaron más de 20.000 personas.

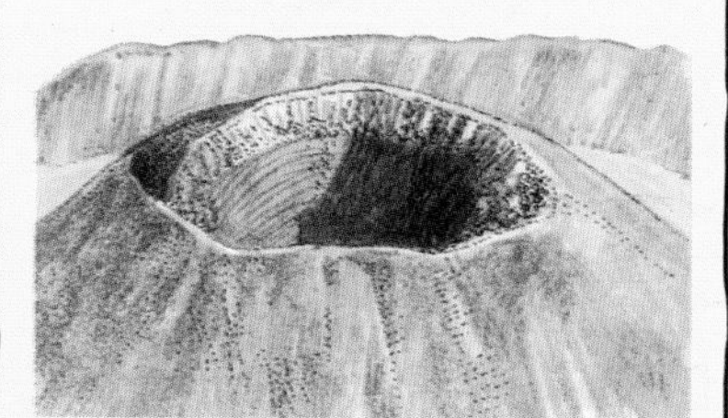

El Vesubio está dentro de la caldera, o cráter de un volcán más antiguo. Algunas calderas se forman como consecuencia de una explosión violenta, al volar la parte superior de un volcán.

### *Hazlo tú mismo*

*Construye tu propio volcán en erupción. Necesitarás un poco de bicarbonato o levadura en polvo, jabón líquido, vinagre, colorante alimentario, un corcho o un poco de barro, arena y un tubo alto y estrecho.*

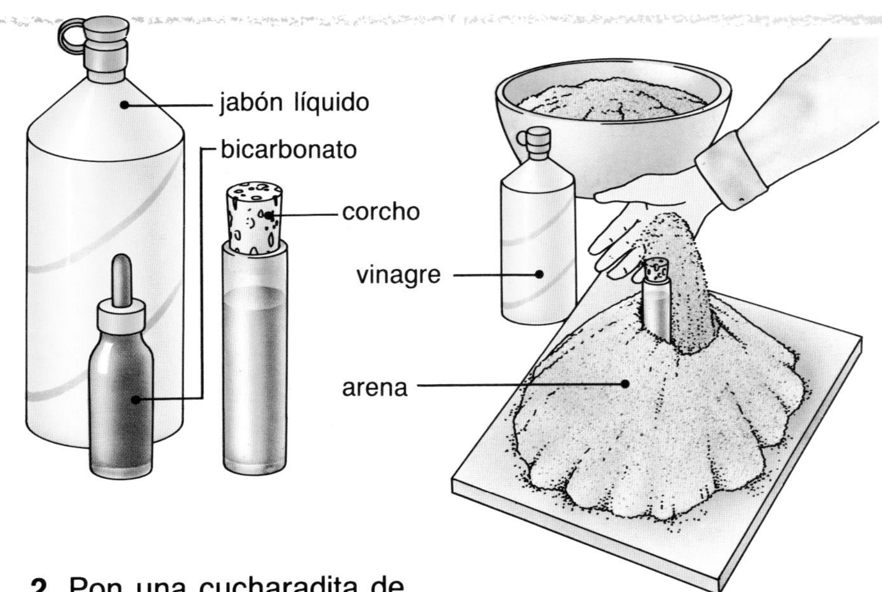


**1.** Construye una forma de montaña con arena húmeda. Es mejor que lo hagas fuera o sobre un tablero de madera.

**2.** Pon una cucharadita de bicarbonato en el tubo y añádele un poco de agua caliente. Agítalo despacio, hasta que el polvo se disuelva en el agua.

**3.** Añade unas gotitas de jabón líquido y colorante alimentario (preferiblemente rojo) y vuelve a mezclarlo todo.

**4.** Pon un corcho o un trozo de barro, para tapar el tubo e impedir que entre la arena, y después mételo en la arena.

**5.** Quita el corcho y echa unas gotas de vinagre en el tubo. El ácido del vinagre hace reacción con la mezcla y provoca la salida de las burbujas de gas del volcán, como «lava roja».

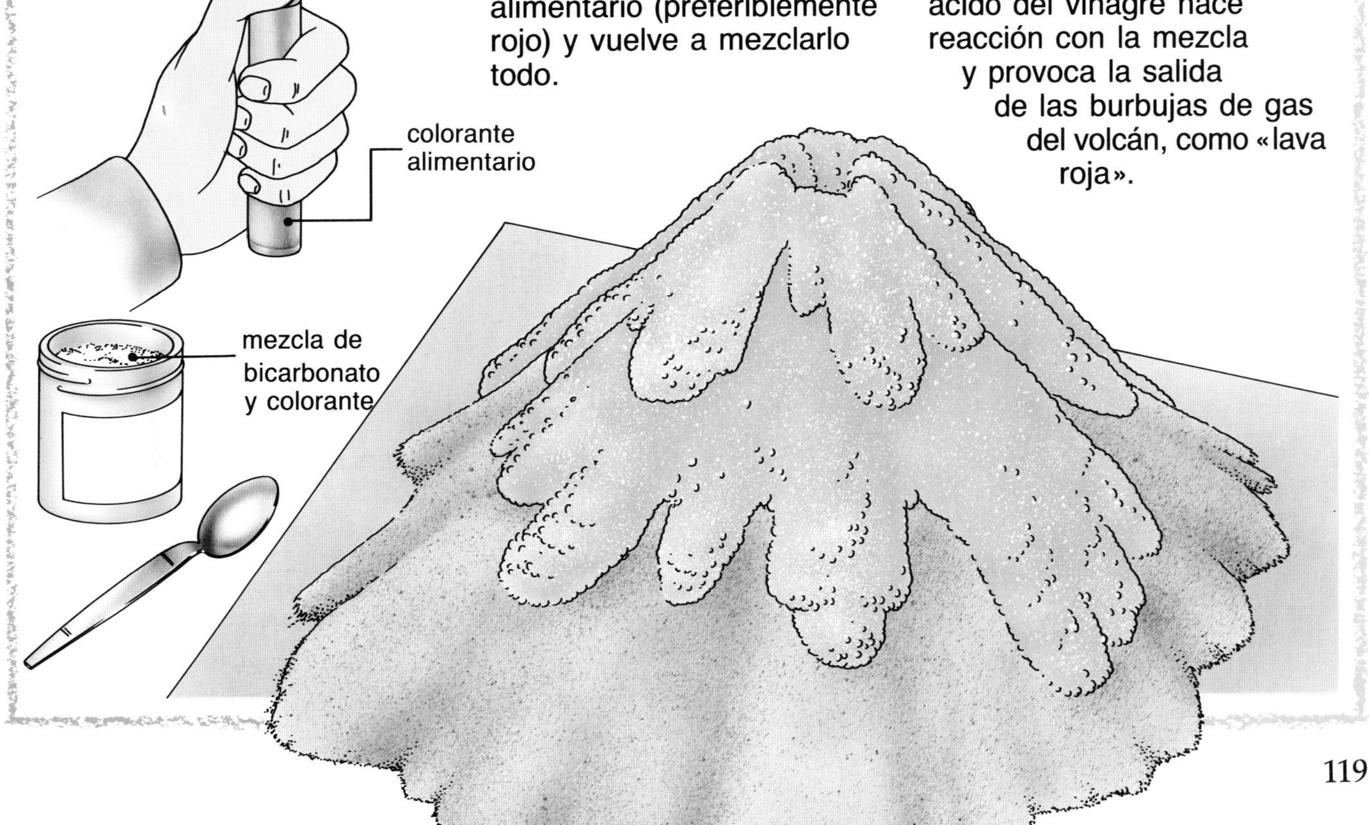

# Islas de fuego

Existen más volcanes bajo el mar que en tierra firme, debido a que la corteza es más delgada en los océanos, sobre todo en el borde de las placas. La mayoría de los volcanes forman un círculo enorme llamado el «Anillo de fuego» que rodea la placa que hay bajo el Océano Pacífico.

En algunos lugares, parte de la corteza oceánica es arrastrada dentro del manto y forma una cadena de volcanes, formando un sistema de montañas submarinas. Muchas islas, como Hawai, son cimas de volcanes que sobresalen del suelo del océano.

En 1963 entró en erupción, repentinamente, un volcán cerca de Islandia, formando una nueva isla que recibió el nombre de Surtsey, nombre del dios del fuego islandés.

## La explosión más ruidosa

En 1883 la isla volcánica de Krakatoa, en Indonesia, hizo explosión con un ruido tal, que se oyó en Australia, a 4000 km. La forma rosa del mapa muestra hasta donde llegó el sonido.

## *Vida en la lava*

La lava y la ceniza de los volcanes acaba convirtiéndose en un suelo rico, en el que crecen plantas y árboles. Las islas volcánicas son generalmente verdes con muchas plantas.

Cuatro años después de que surgiera Surtsey del mar, vivían en la isla 23 especies de pájaros, 22 tipos de insectos y plantas muy diversas.

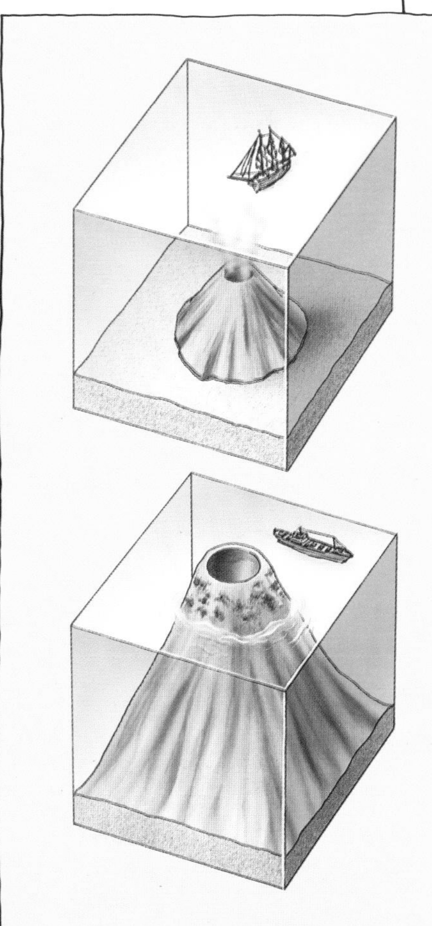

Cuando se produjo la erupción del Krakatoa, provocó una ola enorme que mató a miles de personas. La ceniza y la lava fueron lanzadas a una altura de 80 km impidiendo que se viera el sol.

## *Volcanes submarinos*

La mayoría de los volcanes submarinos están ocultos (1), pero acaban creciendo lo suficiente como para salir a la superficie del mar (2). La isla de Mauna Kea de Hawai es en realidad la cima de una montaña, más alta que el Everest.

# Rocas ígneas

Las rocas que se forman cuando se enfría y endurece el magma se denominan rocas ígneas, que significa, rocas de fuego. Cuando la lava de la superficie de la Tierra se enfría rápidamente, las rocas ígneas son duras y vidriosas con granos pequeños y cristales diminutos. Cuando el magma se enfría más despacio bajo la Tierra, da tiempo a que se formen cristales más grandes.

Todas las rocas están formadas de bloques de minerales, y cada tipo de mineral tiene cristales de diferentes formas. Los minerales bonitos y poco frecuentes se denominan gemas. Los diamantes son gemas de la kimberlita, una roca ígnea.

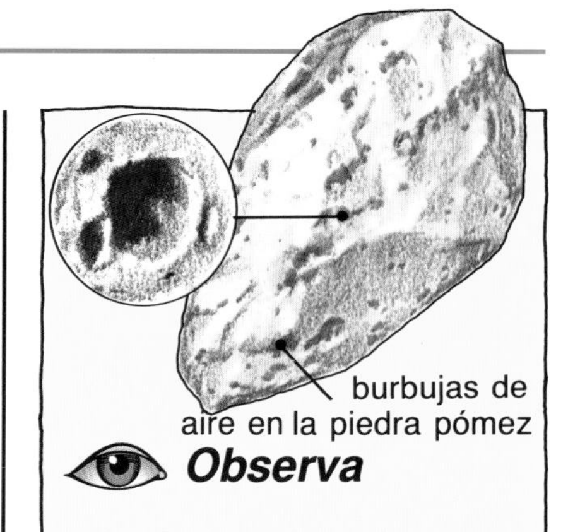


### Observa

¿Has usado la piedra pómez en el baño alguna vez? La piedra pómez se forma cuando las burbujas de gas quedan atrapadas en la lava, al enfriarse deprisa. El gas hace que la piedra sea tan ligera, que flota en el agua.

### Magma subterráneo

Algunas rocas ígneas se forman en cámaras subterráneas o grietas, denominadas filones, diques, batolitos o lacolitos. Sólo podemos verlos cuando se han desplazado la roca y el suelo de encima.

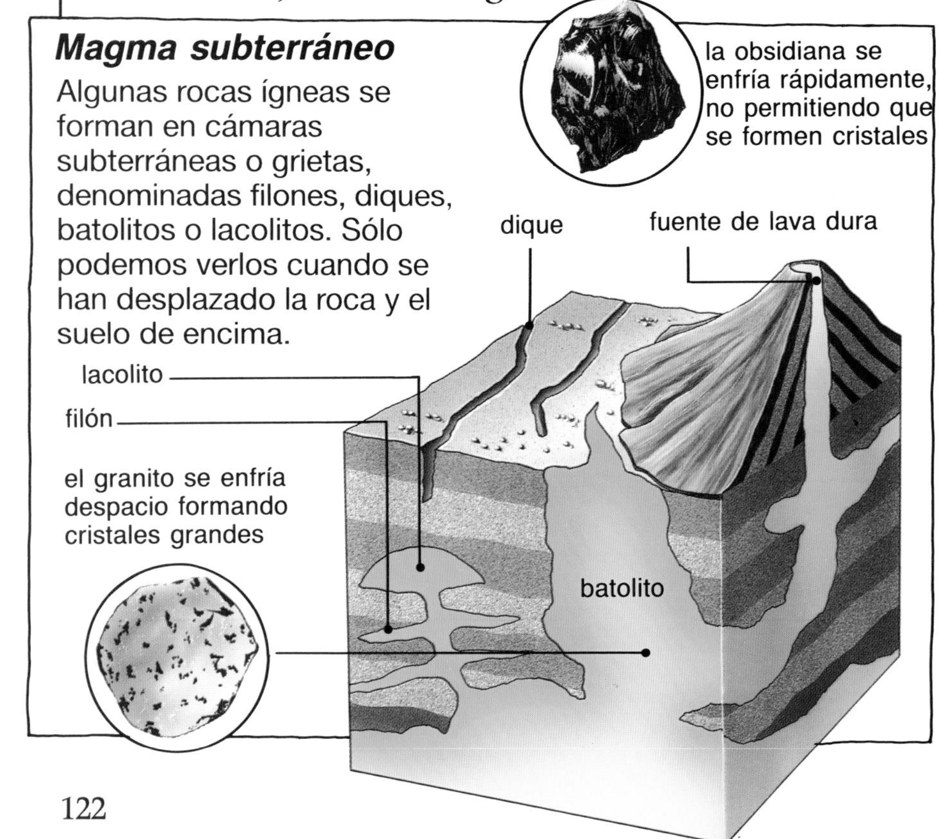


### Hazlo tú mismo

*Intenta hacer tus propios cristales. Necesitarás azúcar, una cuerda, un lápiz y un vaso o jarra.*

Cuando le añades azúcar a una bebida caliente, se disuelve. El magma líquido también contiene sustancias disueltas. Pero cuando el magma se endurece, los líquidos que contiene se evaporan o se convierten en gas y las sustancias se vuelven sólidas otra vez. Así se forman los cristales.

El Giant Causeway y Staffa están formados de lava gruesa que se enfrió despacio en un tipo de roca ígnea denominada basalto.

La masa de magma sólido que queda en el volcán es más dura que el resto de la montaña. Cuando la montaña se desgasta deja una torre de roca, como Le Puy en Francia.

El Giant Causeway de Antrim, Irlanda del Norte, está formado por cientos de columnas de basalto.

**1.** Calienta dos tazas de azúcar y una de agua en una cazuela hasta que esté disuelto todo el azúcar. Pon la mezcla en una jarra y déjala enfriar.

**2.** Cuelga una cuerda en la mezcla. Al cabo de unos días se irán formando cristales en la cuerda.

# Aguas calientes

En las zonas volcánicas en las que hay rocas calientes cerca de la superficie de la Tierra, se calientan bolsas de agua subterránea, hasta que hierven y lanzan agua caliente y vapor al aire. Estas fuentes espectaculares de vapor y agua se denominan géiseres. También salen gases calientes más suaves a través de grietas denominadas fumarolas. En las mismas zonas se suelen encontrar fuentes de agua caliente burbujeante y fuentes de lodo hirviendo.

En la isla japonesa de Honshu, en la que hace muchísimo frío en invierno, los monos macacos se suelen bañar en fuentes termales para entrar en calor.

### *Los géiseres*

Algunos géiseres hacen erupción a intervalos regulares. Old Faithful, un géiser del Parque National de Yellowstone (Estados Unidos), echa un chorro de agua y vapor cada 70 minutos. Lo lleva haciendo desde hace más de 80 años. El Parque de Yellowstone tiene por lo menos 200 géiseres activos. También se encuentran grupos de géiseres en Nueva Zelanda y en Islandia.

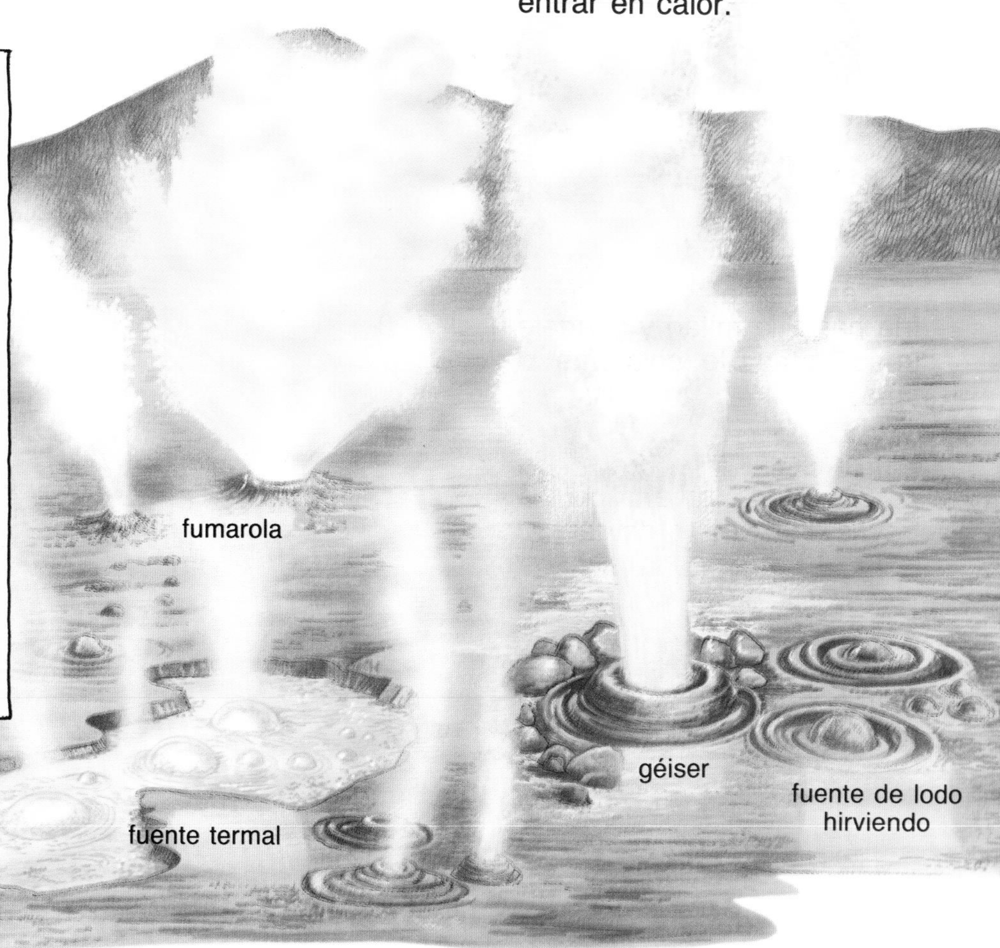

### *Hazlo tú mismo*

*Fabrica tu propio géiser. Necesitarás un recipiente, una botella pequeña con tapón de rosca, una paja, arcilla de modelado, un alfiler, y tinta o colorante alimentario.*

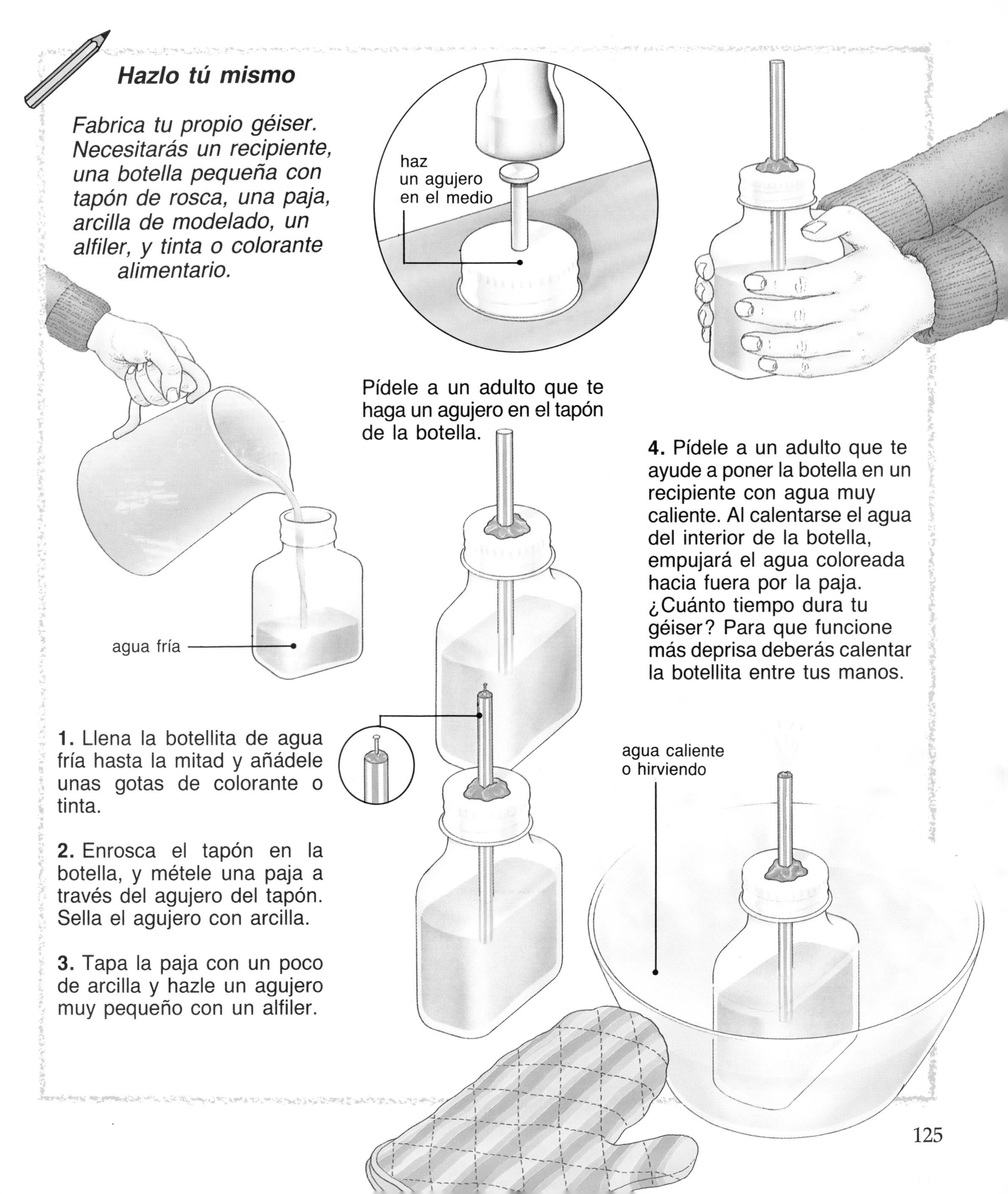


Pídele a un adulto que te haga un agujero en el tapón de la botella.

**1.** Llena la botellita de agua fría hasta la mitad y añádele unas gotas de colorante o tinta.

**2.** Enrosca el tapón en la botella, y métele una paja a través del agujero del tapón. Sella el agujero con arcilla.

**3.** Tapa la paja con un poco de arcilla y hazle un agujero muy pequeño con un alfiler.

**4.** Pídele a un adulto que te ayude a poner la botella en un recipiente con agua muy caliente. Al calentarse el agua del interior de la botella, empujará el agua coloreada hacia fuera por la paja. ¿Cuánto tiempo dura tu géiser? Para que funcione más deprisa deberás calentar la botellita entre tus manos.

# Montañas increíbles

Hace mucho tiempo la gente creía que las montañas eran las casas de los dioses y las diosas. Hoy en día entendemos mejor de qué están formadas las montañas, pero quedan aún lugares misteriosos y especiales.

### El Yeti

Se dice que por las altas cimas del Himalaya deambula una criatura extraña, llamada el yeti o el abominable hombre de las nieves. Dicen que el yeti es como un mono de pelo largo, pero nadie está seguro de que realmente exista.

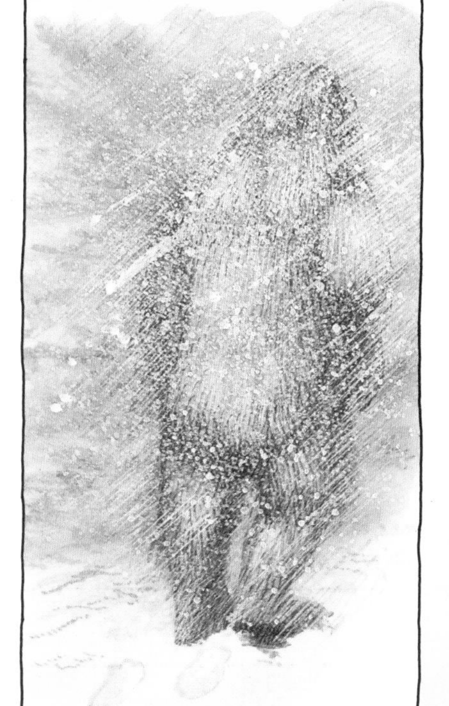

### Subiendo al Everest

Las primeras personas que subieron al Everest fueron Sir Edmond Hillary, de Nueva Zelanda, y Tenzing Norgay, de Nepal. Llegaron a la cima el 29 de mayo de 1953.

### Hazlo tú mismo

*¿Por qué no empiezas un cuaderno sobre montañas y volcanes?*

Coge postales, fotos de revistas, periódicos y folletos de turismo (especialmente los de las estaciones de esquí).
Además podrás encontrar sellos de las montañas del mundo.
Podrías intentar buscar también el tipo de animales y plantas que viven en las montañas.

1
Everest
(8848 m)

4
Aconcagua
(6959 m)

7
Elbrus
(5633 m)

9
Mauna Kea
(4205 m)

10
Mauna Loa
(4169 m)

Intenta descubrir alguna leyenda o cuento sobre las montañas.
2
K2
(8611 m)
3
Kanchenjunga
(8598 m)
5
Mc Kinley
(6194 m)
6
Kilimanjaro
(5895 m)
8
Wilhelm
(4509 m)
En la cima del mundo
Estas son diez montañas de las más altas del mundo. Las tres primeras son las más altas de todo el planeta. La cuarta es la más alta de América del Sur, la quinta de América del Norte y la sexta de África. La séptima es la más alta de Europa y la octava de Oceanía. Mauna Kea es la cima más alta de una isla y Mauna Loa es el volcán más alto del mundo.

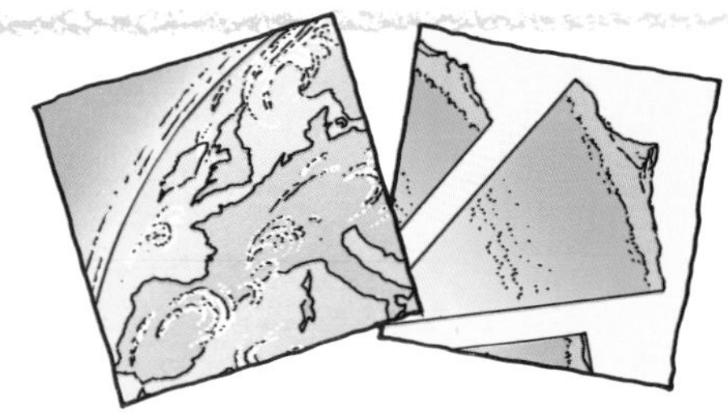

# Índice

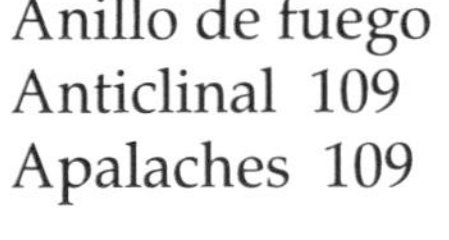